牧野《ぼくや》のフロントランナー

日本の乳食文化を築いた人々

和 仁 皓 明

デーリィマン社

はしがき

わが国の酪農乳業の歴史は、明治の文明開化政策によって欧米より導入され、さらに第二次大戦後の政府の酪農振興政策や国民栄養増進政策の後ろ盾を得て急速な発展を遂げてきた。近年になって食料資源供給の国際化と関税等の国際交易の平準化の問題が、わが国の酪農乳業の経営において構造的な解決を迫られるような大きな問題になってきつつある。

このような社会環境にあって先年乳業ジャーナル社より、明治以降日本の酪農乳業界が歩んできた道を振り返ることができるようなエッセーシリーズを執筆する機会をいただき、二〇一〇年四月より二〇一五年三月まで五年間にわたって、月刊「乳業ジャーナル」誌に、「醍醐随想～乳を食べる文化への誘い～」というタイトルで日本の酪農乳業史を基幹とするエッセーを連載することができた。

本書は、その中からわが国の酪農乳業産業の礎を築いた方々をテーマとした文を選び、彼らを「フロントランナー」と名付け、先駆者としてのさまざまなご努力の足跡について、改めて記述したものである。

いかなる人々をフロントランナーと見なすかについては、筆者の主観的な基準で選んでいて、筆者のこれまでの歩いてきた経歴から北海道や乳製品製造分野の人々に偏った感が否めない。強いていえば当人の業績について、既に社会的に高く評価されていて、その人物に関する評伝や報道が沢山あるような人物についてはあえて記述を省いた。むしろ優れた業績がありながら、当時は十分な理解が得られず不遇な生涯を送られた方とか、たまたまその業績を広く知らせてくれる機会に恵まれなかった方などを取り上げるように心掛けた。また業績を挙げてまだ日が浅く、歴史の洗礼を受けるまでに至っていないけれど、必ず将来に花開くであろうと予測される事例も、筆者の独断で後世の評価を恐れず取り上げることにした。

言うまでもなく、現代の酪農乳業界における革新的な成功例は多い。たとえば乳酸菌の機能性に立脚した一連の発酵乳群の成功、輸入国産を問わず多くのチーズ新製品群の成功、さらに斬新な設計思想による装置開発における成功など枚挙に暇がない。従ってそれらの成功の影には必ずその成功を導いたフロントランナーと言うべき人がいた筈である。

しかし企業組織の決定による行動の場合、上役からの精神的サポートがあり、部下の献身的協力が得られ、またその成功には昇進とか昇給とかの物質的な見返りが期待される中での努力だから、とても本当の意味の孤独なフロントランナーとは見なしにくいのではなかろうか。

一方、世間の目とは関係なく孤独に努力している人々とは、成功して当たり前、一歩間違えればあの人のまねをしてはいけないと言われる可能性のある人々である。しかし、時代の変革の予兆となる人とは、そのような評価に甘んじながらも己の先見性の信念を曲げずに行動し、その結果後世にその恩恵に浴する人々を生み出すのである。

「最初に歩く人がいて、そこに道がつくられる」という言葉がある。実際日本の酪農乳業発展の軌跡をたどってみると、徒手空拳で誰の援護もなく自らの道を切り開かねばならなかった人々の足跡が、現代にまで発展してきた道筋になっていると実感するのである。

顧みれば、明治の文明開化以降一五〇年、そして戦後の「学校給食法」施行以来六〇年、さらに近年強いグローバル化の風に直面しつつあるという現状、わが国の酪農乳業が日本の風土のなかで世界に伍していかなる道を切り開くべきか、ここで一旦歴史を振り返りつつ熟考する時が来たと考える次第である。

牧野のフロントランナー

日本の乳食文化を築いた人々

目次

ハリス来日から明治初年まで …… 1
東京市乳販売の夜明け …… 13
エドウィン・ダンと七重官園 …… 27
国産の加糖煉乳を築いた人々 …… 39
ホルスタイン牛を導入した人々 …… 53
宇都宮仙太郎と出納陽一 …… 65
古武士の風格、佐藤貢 …… 77

乳酸菌王国日本の礎 …… 91
自然主義者、藤江才介と佐藤忠吉 …… 105
ジャージー牛導入に成功した人々 …… 119
斎藤晶と山地酪農 …… 133
チーズを学校給食に導入した人 …… 145
チーズ流通の先駆者たち …… 157
初代農家チーズづくりの三人 …… 171
手づくりチーズ農家の第二世代 …… 185
放牧酪農というコンセプト …… 199

表紙／坂本　嵩
「氷原」（一九六一年）
装画／坂本　直行

ハリス来日から明治初年まで

夜明け前

現代日本の食文化が、明治の文明開化によってもたらされた欧米の食文化の模倣から、今日にまで発展してきたことに異議を唱える人はいないと思う。

その文明開化の扉を開いたのは、米国東インド艦隊司令長官マシュー・ペリー。彼が日本の開国を促すアメリカ大統領の国書を携えて浦賀に来航したのは一八五三（嘉永六）年六月三日であった。それは長い鎖国という殻の中に閉じこもっていた人々に、一閃（いっせん）の光芒（こうぼう）を差し込んだものといっていい。

その後日本国中が尊皇攘夷（そんのうじょうい）とか倒幕とか、国論が二分して若者たちの血を流した戦いが終わり、年号を明治元年として新政府が発足したのが一八六八年、そして新政府は欧米の諸文明を全面的に受け入れると宣言する。その間の一五年に現代の食に影響を与えているどんな事象があったのだろう。

ペリーの浦賀来航の三年後、一人の米国人が来日する。

駐日米国領事に任命され一八五六（安政三）年、伊豆下田の玉泉寺に開設された米国領事館に赴任したタウンゼント・ハリスだ。

ハリスが伊豆下田に入港したのは、その年の七月二一日のことだった。

入港したときは、言葉が通じず入国拒否など幾つかのトラブルはあったものの、なんとか玉泉寺を住居兼仕事場にして、ハリス本来の来日目的であった「日米修好通商条約」締結の準備を始める。

下田に落ち着いて二週間ほどたった八月八日のこと。ハリスと下田奉行所の日本側通詞（通訳）森山多吉郎との間に交わされた交渉記録（ハリス『日本滞在記』岩波文庫）が残っている。これが有名なハリスの問答、「牛乳を飲ませろ」「いや駄目だ」という交渉の記録である。

考えてみると、ハリスが来日目的でヨーロッパを出発したのが前年の一二月。スエズ運河経由で中東からインド、東南アジアの港に転々と寄りながら航海してきたのだから、かれこれ七、八カ月あまり新鮮な牛乳にありつくチャンスがなかった。

さて日本に着いて伊豆下田の山野を眺めれば、中近東、インドの土地とは違って、七月ごろの田畑が青々と広がっていて、そして耕作や荷物を運搬している和牛がいる。

「これはしめた！　どうやら新鮮な牛乳を飲める」と思ったに違いない。

以下にハリスの『日本滞在記』から、ハリスと下田奉行所通詞森山多吉郎との問答の幾つかを抜粋しよう。（筆者により現代文に変えてある）

森山「このたび当奉行所に、牛乳を入手したいという申し入れがありましたので、上司（奉行）と協議いたしましたが、牛乳など日本国民は一切食用にしておりません。農民たちは牛を耕作用に、さらに山や野原が多い土地柄ですので荷物運搬用に使役するために飼っているだけのことで、特別繁殖させる努力をしておりません。たまに子牛が生まれることがありますが、その際母牛の乳は全て子牛に与え、子牛を育てることに集中しますので、牛乳を貴殿に供給するということは一切まかりならんという結論に達しました。従いましてお申し入れにつきましてはお断りいたします」

ハリス「そのような決定については承知いたしました。それならば代わりに母牛を譲っていただけませんか。私が飼って自分で搾乳することにします」

森山「ただ今申し上げた通り、牛は耕作と運搬に使うことを第一日的に飼っている動物ですから、農民たちは大切にしていて他人に譲るなどということは絶対に致しません」

ハリス「そういうことならば仕方がないですね。……」

という問答の結果、ハリスは牛乳を分けてもらうことも、牛を飼って自分で搾乳することも諦めることになる。この後、ヤギはどうかと聞いてヤギなら勝手にしていいということになる。見事に断られることになるのだが、森山の断り方にしても、「米国人のいうことなんか聞けないぞ」といった意地悪さではなく、日本には全く牛乳を飲むという食文化的基盤がないことを、ハリスに察知させる交渉である。だからハリスもそれ以上無理押しはしていない。

このやり取りは、ほんの一五〇年ほど前のことである。現代日本のスーパーマーケットの牛乳売り場と比較して、全く別の国の話ではないかと感じられることだろう。

ハリスが仕事を終えて日本を離れるのは、明治維新の六年前、一八六二（文久二）年のことなので、欧米文化を大胆に取り入れた明治政府の文明開化の風を知らずに離日したことになる。

ついでながら、このときハリスと応対した幕府側通詞森山多吉郎とは、ハリスが下田に到着した直後、急きょ江戸から派遣された人で、江戸幕府ではナンバーワンの英語通詞であった。多くの外交交渉に江戸幕府通詞として活躍、英語の辞書も編さんしている。ただ明治以後は隠居し明治政府に出仕することはなかった。

唐人お吉

下世話な話だが、ハリスの下田生活というと、「唐人お吉」の名で知られる女性が現地妻として彼の世話をしていたという話がある。

確かに下田奉行は、玉泉寺に領事館が設営されたとき、ハリスとオランダ人通詞ヒュースケンの身の回りの世話をするということで、お吉とお福という二人の女性を玉泉寺に住み込ませた。

これら二人の女性に関しては、下田奉行所の業務日誌には二人の女性を送り込んだという記録と、お吉が下田の芸者だったということが数行残されているだけだという。

ただ奉行所記録には、その時、お吉に対して支払われた支度金が二五両、そして月々の給料は一〇両だったと記されているそうだ（中山あい子『紅椿無残』講談社文庫）。

さて、この金額、幕末頃の一両は現代の一二万八、〇〇〇円（丸田勲『江戸の卵は1個400円！』光文社新書）に相当するから、お吉がもらった支度金は三二〇万円、月々の給料は一二八万円になる。

まあ、米国人というこれまで見たことも聞いたこともない、異邦人の世話をする覚悟で引き受けるのだからそれなりの報酬なのだろうが、これは到底炊事・洗濯や掃除などの下女役の給料ではない。この金額にこれらの女性に女中以外の役割を含ませたか、またはこの時代の異国人に対する畏怖のようなものが感じられる。

ところで、ハリスが奉行所に牛乳のことを断られた後、お吉が八方手を尽くして牛乳を入手してハリスに飲ませたという伝聞もある。しかし、先に引用したハリスの日記『日本滞在記』には、このお吉のことには一言も触れられていない。それにハリスのお吉に対する処遇だが、いわゆる現地妻的な立場には全くなかったようで、二、三日で追い返してしまったという話、お吉に吹き出物があって即刻、暇を出したという話が残されている。

ハリスはキリスト教聖公会に属する敬虔（けいけん）な信徒であった。この宗派はプロテスタントの中でも特に戒律が厳しい一派で、彼が生涯独身を貫いたのも、聖公会信徒としての信条に基づいていたと伝えられている。

また趣味は読書。賭け事が嫌いで勝負事には一切手を出さなかったというし、何よりも彼との交渉に当たった幕府の役人たちが、彼の清廉さに敬意を払っていたほど。ハリスが在任期間を終え日本を去ろうとしたとき、時の江戸幕府老中安藤対馬守は「貴下の偉大な功績に対しては何をもって報ゆるべきか。ただ富士山あるのみ」という手紙を出している。未熟でよちよち歩きの幕末の日米外交交渉を、ハリスが対等にリードしてくれたことに最大級の賛辞を送っていたのであった。

そのような賛辞を受けるような外交官が、たかだか下田奉行所が差し向けた芸者上がりの女性にうつつを抜かすとは到底考えられない。

ただ、お吉はたとえ数日で帰されたにせよ、玉泉寺に上がったというだけで、非難され、差別され、街を歩けば石を投げられ、酒におぼれ、果ては川に身を投げて生涯を閉じる。享年四七歳だった。

明治維新によって欧米の異文化を吸収し新しい日本をつくろうと宣言する日の、ほんの一〇年くらい前のそれこそ夜明け前の時間。

その時期、日本は「牛乳なんて人が飲むものではない」という強固な食の哲学が、人々の間で確立していた国だった。現代の日本人の食生活に比べなんという落差なのだろう。それだけ文化は変化するものなのだと認識させられるのである。

横浜居留地

ペリー来航から明治維新までの一五年間、いわゆる幕末内戦の激動期であったが、その間日本に寄港地としての利便性や通商を求めるなどの諸外国の要求は強まるばかりで、幕府はついに明治維新のちょうど一〇年前の一八五八（安政五）年に、ハリスとの交渉の結果「日米修好通商条約」を米国と締結する。

続いて英国、フランスなどとも同様の条約を結んで、神戸、横浜などを開港し、ビジネスとして日本に滞在する諸外国人の居住、ビジネスの場を「居留地」として認めた。建前の司法権は日本側にあったので、植民地とか治外法権地域とは見なされなかったが、実質は一九世紀末の居留地制度廃止までは、治外法権的な存在だった。

このようないわば特区が存在すると、下田でハリスが自分で牛を飼って搾乳したいと希望したように、居留地内で牧場を経営しようという人が現れてもおかしくはない。実際に何人かの外国人が牛を飼って牛乳を売ったという記録が残っている。

その中で、はっきり営業活動として搾乳、牛乳販売を行っていたという証拠記録を発掘した人がいる。横浜開港資料館に勤務していた斉藤多喜夫だ。この資料館は一九五九（昭和三四）年に横浜開港百年を記念して『横浜市史』編さんのために収集した資料の保管公開を目的に開設された、横浜を中心とする明治初年の欧米文化流入に関する記録調査という面では本邦随一の研究機関である。

斉藤は、当時横浜で発行された新聞、広告、チラシなどを克明に分析し、一八六六（慶応二）年四月六日発行の英字新聞『ジャパン・タイムス・デイリー・アドバイザー』に、リチャード・リズレィという米国人が、新しく牛乳販売店を開店したという広告があることを発見して、これが日本における牛乳販売の発祥だろうと提唱した。

しかし日本における牛乳販売の発祥については、これまで広く信じられていた異説が存在している。牛乳新聞社編『大日本牛乳史』（一九三四（昭和九）年）という本があって、そこに前田留吉という人物が一八六三（文久三）年に、横浜で日本最初の牛乳販売店を開業したと記述されている。それが日本の牛乳販売の開祖というのが定説になっていた。

ただ、ビジネス開始の時点をどう定義するかは簡単ではない。不特定多数の消費者のために販売店を持ち商品を有償で提供し、かつその行為を広く伝達しなければ公的に営業を開始したとは言えない。前田の場合は証拠にいろいろ食い違いがあって、定説をそのまま信じ難いところがある。従って日本で最初の牛乳販売者はリズレィだという説の方に妥当性があるように思える。

横浜におけるリズレィの牛乳店は、最初六頭の雌牛から搾乳を始めたという。このビジネスが日本における近代乳業史の原点になっている。

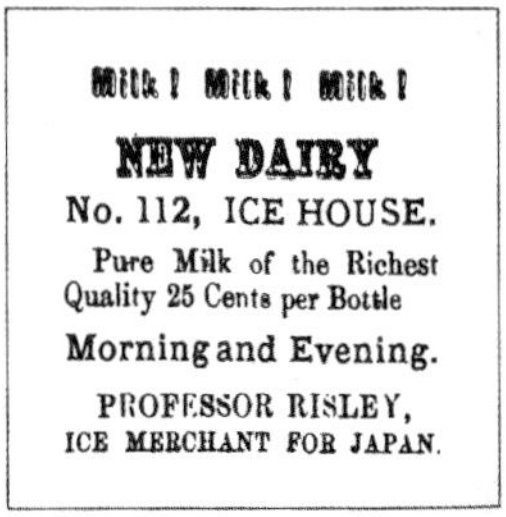

横浜居留地でのリズレィの牛乳販売の広告

『牛乳考』

明治維新で何もかもが新しくなったといっても、その日から日本人の全ての生活が文明開化の道に走ったわけではない。牛乳を飲むという行為だけでも先述のハリスの問答にあるように、社会的に異端視されていた。ではどのように牛乳の価値を国民に認識させたのであろうか。

前提として当時、既に中国伝来の漢方本草学が人々の健康管理の指針になっていたこと、蘭学という西洋科学的医学体系が導入されていたことなどを考慮する必要がある。そのいずれにも乳・乳製品の栄養価値が説かれていて、幕末には江戸では「白牛酪」という乳製品までが販売されていたという事実もあった。従って明治維新以前から、耳学問にせよ乳の価値に関する情報を持っている人がいたという伏線があったことに注意したい。

一八六七（慶応三）年に、幕府の奥医師、石川桜所、伊東貫斉、松本良順の三人が『牛羊牧養に関する建白書』を幕府に提出した。

その一節に「新鮮な牛乳は滋養品として他に比べものなく、虚労、絶食の病者に用いて生き返り、身体強固にする効能あります。さらに母乳の足りない乳児を養育するには、これに勝る食物はありません」（加茂儀一『日本畜産史食肉乳酪篇』法政大学出版局）と記述して、明確に牛乳の効用を説いているのである。この松本良順は蘭法医学を修め、幕府側の医師ではあったが明治に入って日本の医学界の重鎮となって、牛乳飲用の重要さを国民に説くキーマンになる。

幕末から明治初年に活躍した国学者で近藤芳樹という人がいた。周防国岩淵村（現山口県防府市）の出身。生まれは一八〇一（享和元）年、一八八〇（明治一三）年没。まさに幕末の激動の時代を生きた人だった。関西で勉強した後長州萩藩の学問所に勤め、一八七二（明治五）年に日本で初めて『牛乳考』というタイトルで牛乳を飲むことを奨励する宣伝文を刊行した。

この近藤芳樹が『牛乳考』を出版した明治五年という年は、日本の食の近代化という観点から極めて重要な年である。

この年の正月、天皇家ではそれまで食べてはいけないことになっていた牛肉の料理を、明治天皇が禁を破って食べて見せ、「天武天皇の詔（みことのり）によって、これまで一、二〇〇年にわたって食べることを禁じられていた牛肉の食用を解禁する」と国民に宣言した年だからである。

この天武詔とは、飛鳥時代にさかのぼり西暦六七六年に「…四月一日から九月三〇日までの期間、牛、馬、犬、猿、鶏の肉を食べることを禁じる。その他の肉はこの限りではない。もしこの禁令を犯すものがいれば罪として処罰する。」（『日本書紀』巻二九、現代語訳）という詔のことである。

この肉食を禁止する詔が出された理由については、いろいろ解釈されてきていて、長らく当時の国家宗教だった仏教の殺生禁断の思想に準拠したものだと理解されてきた。しかし肉食禁断とはいえ、鹿、猪、兎の肉などに触れられていないので、近代ではむしろ稲作農耕を重視する当時の国家政策を遂行するため、田畑耕作労働の担い手であった牛、馬を、春から秋までの耕作期の間、食用目的でと殺することを禁止したものと解釈されている。

それ故明治五年という年は、いわゆる古い革袋を捨て去るという思想革命を、食に象徴させて現代の洋風食の基礎になっている乳食と肉食を、それまでのタブーから解放した年になったのであった。

ここで、近藤芳樹の『牛乳考』の冒頭を紹介する（筆者による現代語訳）。

牛乳は栄養を補う最上の良薬であり、牛乳を常用すれば病弱なものは強く、老弱なものは壮健になる。しかし腐敗しやすいものなので牧場から遠いところに住むものには利用し難かった。それで「ミルク（美留久）」というものに加工する。「ミルク」とはすなわち煉乳であるが、その効用は生乳と変わらない。

ところが、田舎者で頑固な人は、牛乳が最近になって西洋からもたらされたものだから、これを飲むのは身が穢（けが）れることだと思って嫌がる人が多い。しかし全く誤った考えである。

そもそも、わが国で牛乳を飲み始めたのは孝徳天皇の時代のことで、天皇は献上された牛乳をお飲みになって、大変おいしいとお褒めになり、献上した中国からの帰化人に「和薬使主（やまとのくすしのおみ）」という姓を賜ったほどである。……（以下省略）

この文中に、「わが国で牛乳を飲み始めたのは…」という記述がある。これは古代日本の人名録といっていい『新撰姓氏禄』という古文書に、中国からの渡来民の善那と名乗る人が、西暦六五〇年ごろに在位していた孝徳天皇に牛乳を献上して、「ヤマトノクスシノオミ」という官名を与えられたという故事を回想したものである。

もう一つ、「ミルクとはすなわち煉乳…」という記述がある。

現代のわれわれが知っているコンデンスミルクは、米国のゲイル・ボーデンの発明だが、彼がコネチカット州で初めて煉乳を量産化したのは一八五七（安政四）年、さらに鷲印という商標を付けて米国軍隊に納入し、海外に持参できるようになったのが『牛乳考』刊行の七年前の一八六六（慶応二）年になってからである。

ちなみに、近藤芳樹は長州の人と紹介したが、彼が上京して明治政府の宮内庁に出仕するのは一八七五（明治八）年のことで、この本の執筆当時はまだ萩に住んでいた。だから彼が煉乳のことに言及するのは、情報伝達の驚くべき速さだといえる。

長州は薩摩とともに多くの人材を明治政府に投入していたから、他の地域より早く新しい情報に接する機会が多かったに違いない。しかし革新的な時代というものは、情報が混沌（こんとん）として錯綜（さくそう）するものだが、その中で体験の有無とはかかわりなく、次代を暗示する新しい情報を求め、人々に伝えることに情熱を燃やす人もいた。そういう人々の知恵の結集が日本の乳食文化を切り開いていくのであった。

東京市乳販売の夜明け

明治以前のこと

最近よく知られてきたことだが、奈良・平安の時代には全国各地で搾乳と乳製品がつくられていて、天皇家に貢ぎ物として納められていたこと、やがて鎌倉時代になると次第に消滅したことなどが記録に残っているのだが、それは少し時代が古過ぎるので省略して近代から話を始める。

実は江戸時代、既に八代将軍徳川吉宗がインドから白牛三頭を輸入して、千葉嶺岡の徳川家の御用牧場で、搾乳目的で飼育し始めたという記録がある。それからほぼ六〇年たって、その三頭の白牛が七十数頭に増えていて、一一代将軍家斉（いえなり）の時代になって、その牛乳から「白牛酪（はくぎゅうらく）」という名の乳製品をつくらせたという。

実はこの「白牛酪」なるものが、後世の日本の乳加工の概念に大きな影響を及ぼして、欧米の酪農先進国とは別な日本独自の酪農乳業産業の発展過程をたどる原点になる。

「白牛酪」とはどんな乳製品であったのか。

徳川幕府の医師桃井寅が記述した本で、一七九二（寛政四）年に刊行された『白牛酪考』という書物が残されている。だがこの本、牛、白牛、酪などについて中国文献の引き写しの文章だけで、肝心の白牛酪のつくり方には全く触れられていない。

牛乳新聞社編「大日本牛乳史」（一九三四（昭和九）年）に「千葉県吉尾村の古老落合朔次郎氏からの聞き書き」という記事があって、それによると、「乳を鍋に入れ、砂糖を混じ、火にかけて攪拌（かくはん）し、せっけんくらいの硬さに煮詰めて、これを型に入れ亀甲型に固めたもの」と記されている。

また別な伝承では、色は黄褐色で、後に亀甲型からマッチ箱型に変わった。一個一一五グラムぐらい。それを小刀で削って粗い粉薬のようにして飲んだ。味はとてもおいしかったという。

白牛酪は、インポテンツ、肺結核、産後の衰弱、栄養不良、便秘、老衰に著しい効能があると宣伝されていて、将軍家斉は、側室を四〇人もそろえていた人だったから、この白牛酪が大変お気に入りで数頭の白牛を江戸城の雉子（きじ）橋（地下鉄竹橋駅近く）のところにあった厩舎（馬小屋）に連れてきて白牛酪をつくらせていた。幕府内で消費されるほか余った分は江戸市民にも販売されていた。

この技術は、明治になって加糖煉乳がつくられるようになるまで伝承されていて、その通りつくる人もいて、「白牛酪大型三匁（もんめ）、一分二朱。小型一匁五分、…。飯田町牛乳売捌所　横井弘勝」（東京日日新聞　明治六年七月三日付）という新聞広告が残されている。ちなみに、この値段を現代の貨幣価値に換算すると、白牛酪一グラム当たり四、〇〇〇円ほどになるらしい。

幕府内部でも白牛酪とは別に牛乳飲用を奨励する建議が行われていた。一八六七（慶応三）年、幕府の奥医師松本良順らが、「新鮮な牛乳は、比べるものがないほどの滋養品にて、虚労または絶食の病気に用いて、誠に骨肉が生き返るような妙効がありますので、まことに天下にこれ以上のものはありません」という内容の建白書を提出している。

このように明治以前にも江戸城内で乳牛が飼育され、そこで乳製品がつくられていて一部の人に限られてはいたが、牛乳飲用についての認識も結構あったという史実を見落としてはならない。

前田留吉という人

日本における最初の牛乳屋は、一八六三（文久三）年に横浜太田町に牛乳搾取所を開いた千葉県出身の前田留吉であるという話が定説であった。この前田留吉が日本で最初の牛乳屋だという説が、これまで疑いもなく受け入れられてきた背景には、彼が明治以降東京の酪農や市乳販売の事業に多大の貢献をした人物だったからであった。

前田留吉に関する評伝は、金田耕平『日本牧牛家実伝』（一八八六〈明治一九〉年）と石井研堂『明治事物起原』（一九二六〈大正一五〉年）の二つが残されている。ただ、この二つの記述は一致していない。実は他にも幾つか、前田留吉の伝記らしいものはあるのだが、その内容はほとんど金田耕平の著作の孫引きである。

ここでは『日本牧牛家実伝』（以下『実伝』と略）について検討してみよう。

この『実伝』が刊行された一八八六（明治一九）年とは、東京の搾乳販売業組合の主催による第一回「乳牛共進会」が開催された記念すべき年だった。この共進会に、展示された乳牛は百十余頭に上り、当時最新の牛乳検査機器などの展示、明治維新後ほぼ二〇年たって、やや落ち着いた明治の社会風潮の中で行われたと見てよい。搾乳業は当時欧米から導入された最先端の職業だったから、現代の東京ビッグサイトで開催されるIT産業展示会のようなものだったろう。

『実伝』には、一三人の牧牛家が登場し、その人々の評伝が掲載されている。それらの牧牛家のうち前田留吉、前田源太郎、前田喜代松の三人は叔父・甥（おい）の関係。辻村義久、村岡典安らを含む八人は、前田留吉に搾乳技術を習ったか、または一緒に仕事をした仲間であった。

そして前田留吉は、この第一回「乳牛共進会」の幹事長をしていて、評伝対象一三人中七人が共進会の役員という顔ぶれになっている。

言ってみれば、この本は前述の「乳牛共進会」開催記念の刊行物で、内容的にややご祝儀的な評伝になっているのではないかと考えてしまう。というのは当時、既に故人だった阪川當晴を除いて、内容は掲載当事者に対するインタビュー記事なので、記事に対する客観性について首をかしげざるを得ない記述が散見される。

それは後で触れるとして、『実伝』によれば、前田留吉は一八四〇（天保一一）年生まれ、上総国（千葉県）の貧農の出身。横浜に出てオランダ人ペロー（スネルという説もあり）に雇われ、搾乳を学び、一八六三（文久三）年（慶応二年説もあり）に横浜で搾乳業を開業したという。

その後前田は一八六九（明治二）年、江戸城雉子橋の厩舎が東京築地の牛馬会社に移行するに当たって、技術指導のために横浜から招聘（しょうへい）され、東京における乳牛の搾乳技術について指導し、同年職を辞し芝桜川町（芝天徳寺前の説もあり）に牛乳搾乳所を開設したという。

前田留吉の横浜時代については前述の通り諸説あって客観性に乏しいのだが、東京に来てからは東京の搾乳業者界で、ある程度指導的な立場にあったのは確かであり、また助手として留吉に従っていた源太郎、喜代松という二人の甥たちはしっかり家業として搾乳業を発展させていた。

ただどうも留吉という人は、少々大げさに物事を吹聴する性癖があったふしがある。

たとえば『実伝』によると、前田留吉は、一八七四（明治七）年に単身米国カリフォルニアに渡り、そこで乳牛一一五頭を買い付けて帰国、また一八八四（明治一二）年には甥の前田喜代松を米国人ネキとともに米国に出張させ、乳牛三〇〇頭を買い付けてきたといった話が載っている。

明治七年というと、北海道開拓使長官黒田清隆の依頼で米国人エドウィン・ダンが、米国から初めて雌牛二十数頭を連れて日本に上陸した年である。これが日本における牧畜用牛種の輸入の先駆けと考えられている。

当時の太平洋航路の貨物船はほとんどが帆走船で、牛は甲板につないで太平洋を渡った。水の補給などのための寄港も含めて太平洋横断にたっぷり四週間はかかる。カウボーイが牛の群れを追って草原を駆け抜けるのと違って、揺れる帆船の甲板の上で生き物を運ぶのだから、秣（まぐさ）を食べさせる、水も飲ませる、糞の始末もするといった船旅である。そのような制約から一航海当たり一度に運べる牛の数は二〇頭までと制限されていたという（田辺安一編『エドウィン・ダン』ダンと町村記念事業協会）。

そのため『実伝』における、その同じ年に留吉が一〇〇頭以上も米国から連れてきたという話はどうも信じ難い。また甥の前田喜代松は、一八七九（明治一二）年に乳牛をさらに三〇〇頭も連れてきたとある。もしこれが真実だとすれば、大快挙のはずで、新聞なり雑誌なり何か他の記録に残っていなければならない。『実伝』以外のどこにも見当たらないので、史実として信用できないのではなかろうか。

ただ、そのような自慢話も混じってはいるが、前田留吉本人の明治以降の日本における乳業関係の行動については、他の記録に照合して一致することも少なくない。彼自身は一八八六（明治一九）年の「乳牛共進会」のときには、主催者側の幹事長という業界のリーダー的な立場にあり、これは彼の出自からみると破格の出世であろう。やはり日本の酪農乳業界の先駆者の一人だったと考えられる。

誰が東京で牛乳屋を始めたか

前田一族が明治初年から東京における搾乳販売業者としての地位を確立していたことは確かなようだが、では東京で誰が一番初めに搾乳業を開業したのだろうか。

『実伝』では、前田留吉が一八六九（明治二）年に芝桜川町に牛乳店を開いたと記述されている。ところが、この搾乳所は一八七三（明治六）年に大流行した牛疫のときに閉鎖される。その理由は、真偽のほどは明確ではないが、この牛疫に際し前田留吉は既に罹患（りかん）している病牛を健康な牛と偽って売り飛ばしたため、詐欺の疑いで逮捕・収監されたのが原因だったという。

明治三、四年ごろの東京の搾乳業者は四軒ほどという記録があり、辻村義久、阪川當晴などの名前が挙がる。一八七二（明治五）年になると猪股要助、北辰社などの名前が出てくる。

一八七三（明治六）年に、東京市によって「牛乳搾取人心得規則」が制定され、牛乳搾取人の営業許可鑑札が必要となった。その維持管理のための同業者組合として二年後の一八七五（明治八）年に「東京牛乳搾取組合」が創立される。この組合は本邦初の乳業者団体であって、その組合メンバーが、明治初期の東京における飲用牛乳販売の草創期に携わっていた人々であった。それらの人々とは次の通り。

頭取　　阪川當晴
副頭取　明石泰三
顧問　　前田留吉
組合員　吉野文蔵、辻村義久、松尾健治、猪股要助、宮部久、野口義孝、前田源太郎、神子治郎、村岡典安、団野精、杉田秀之助など総勢二〇人

組合の初代組合長は阪川當晴。旧姓浅羽。旗本の一族で、阪川家に養子にいく。元来至って気の強い人だったらしく、維新後は江戸時代の旧旗本の同僚たちとは同調せず農業の道を選ぶ。幕府の奥医師松本良順は親戚で、松本から牛乳の効能を力説され維新後搾乳業を志すが、経験に乏しく挫折し前田留吉の教えを受け阪川牧牛場を開設した。創業は一八七〇（明治三）年。阪川自身はその後死亡するが、息子の阪川登が後継者として事業を発展させている。

この阪川當晴が、東京における搾乳業の先駆けではないかと推測される。

阪川が搾乳業を始めるきっかけになった松本良順は、親戚関係であっただけではなく、松本が維新後東京大学医学部で指導的立場に任ぜられてから、東大附属病院に牛乳を納入したのは阪川搾乳所であって、搾乳という新興産業育成についても力があった。松本良順は、また阪川のほかに旧幕臣の榎本武楊たちを誘って北辰社牧場を開設させてもいる。

明治維新という出来事は旧幕府方の武士の大量失業を生んだわけだが、これらの幕臣たちが体面を保ちながら職を得るには、旧来の社会意識が固定されている商業、農業などの伝統業よりも、成功不成功は保証できないが新興産業の方が転職しやすかったということもあっただろう。

ただ、酪農という実務は武士稼業から見れば肉体労働であり過酷な仕事だから、名目は格好良くても実際はこんなはずではなかったとばかり、榎本を含む多くの酪農に参入した幕臣たちは数年で脱落していく。榎本の北辰社も前田一家に酪農経営を委ねざるを得なくなって、飯田橋に「北辰社牧場跡」

の石碑が残されて現代に伝わっているだけの存在になった。

明治一七年の『牛乳番付』

もう一つ明治初年の東京の搾乳業者の動静を探る資料がある。前述の一八七五（明治八）年の東京牛乳搾取組合メンバー、一八八六（明治一九）年刊行の『実伝』メンバーに加え、一八八四（明治一七）年一月に売り出された浅草寶志（ほうし）堂発行の『牛乳番付』がある。

『実伝』が、第一回乳牛共進会の協賛編集の色彩が濃いのに比べて、この『番付』は江戸時代から伝統の瓦版。発行も浅草横町とくればいかにも下町の『歌舞伎役者番付』のような世間評

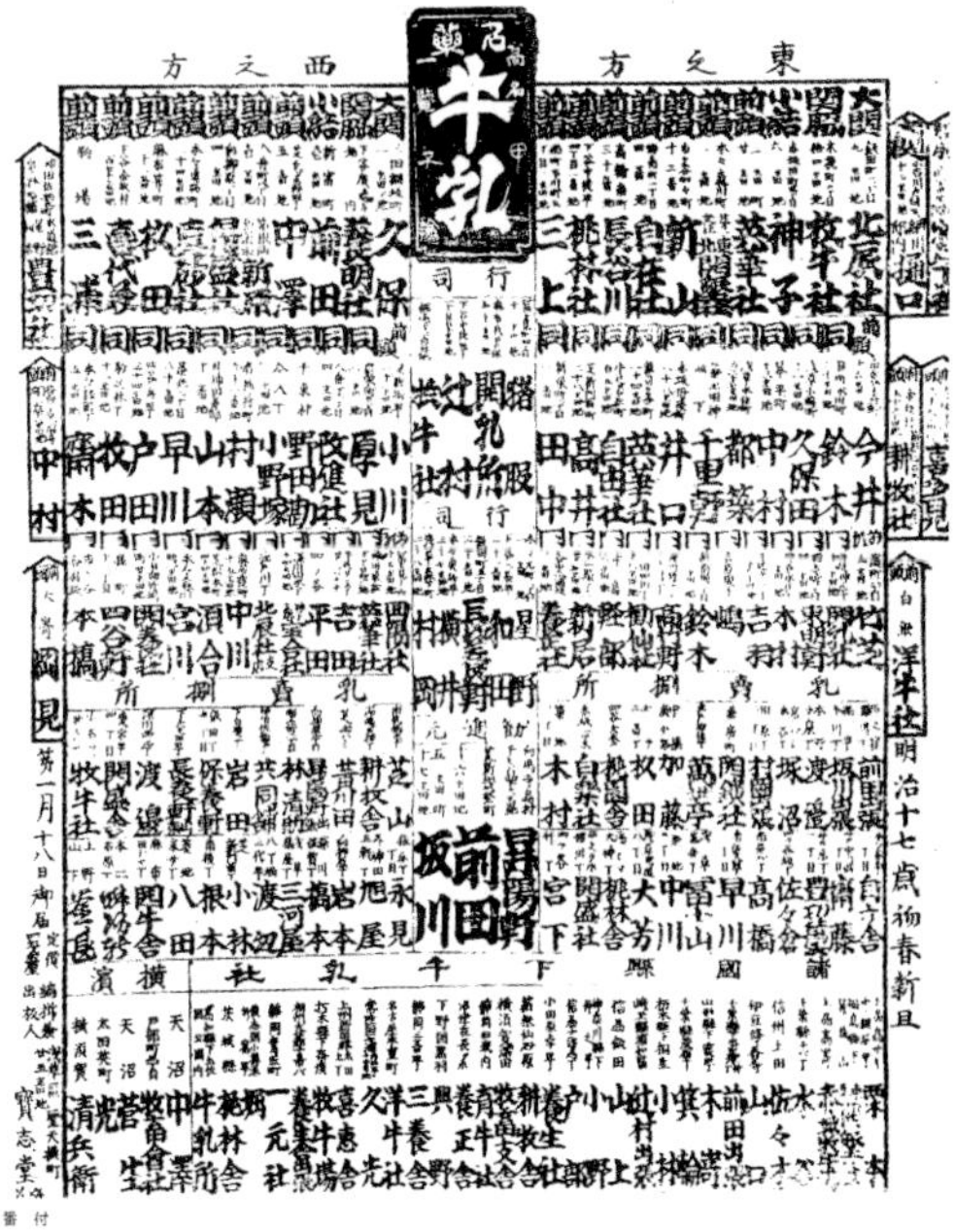

1884（明治17）年における東京牛乳搾取業者番付

判の番付だ。この番付の看板を見ると、牛乳と大書した上に「名薬」とあって、この当時牛乳は薬用の飲み物と認識されていたことが分かる。

従って、組合創立時のメンバー、共進会役員メンバーに番付上位のメンバーを突き合わせると、大体明治初年から二〇年くらいまでの東京における牛乳業者の関係が浮かび上がってくる。

この三種の記録に共通して出てくるのは、前田（留吉）、阪川、辻村、前田（喜代松）、神子、猪俣、野口、宮部、前田（源太郎）、村岡などである。

番付で幾つか新しい発見と言えるものは、明治中後期に事業規模を拡大する和田や耕牧舎の新原などの新規参入者たちの名前が登場してくることである。

初代和田半次郎の妻と前田留吉の妻は姉妹なのでこの二人は義兄弟になる。彼は下谷二長町（今の上野駅の前）で搾乳業を開業し、後に日本で最初の加熱殺菌牛乳を販売した牛乳衛生管理の先駆者で、後に東京の搾乳業者組合の会長になり東京乳業界の第二次発展の中心的な立場になる。

新原敬三は小説家芥川龍之介の実父で、財界人渋沢栄一らが出資した耕牧舎なる牧場の経営に参画し、はじめは箱根仙石原に牧場を開設したが、後に築地入舟町（築地の聖路加病院そば）に拡張、芥川龍之介はそこで生まれた。芥川芸術一家は牛乳で育った家系であった。ここには芥川龍之介生誕記念碑が立っている。

残乳処理と衛生法規

ところでこの時代、まだ販売されている牛乳は牛乳瓶に入ってはいない。バケツのような容器に入れて柄杓（ひしゃく）ですくい、升で一合、一勺（しゃく）の単位で量り売りをした。

出入りの商人は勝手口を使うのが決まりだったから、牛乳売りは、勝手口から「ご免くださいまし、牛乳屋でございます」と言って買ってもらったという。牛乳は薬だという認識だったから、時には「うちにゃそんな病人は居ねぇよ」といって水をまかれたりしたこともあったらしい。

そうこうしているうちに、一八八五（明治一八）年に初めて「牛乳営業取締規則」が施行される。その規則第七条に「乳汁ハ臨時検査シ不良ノ乳汁ハ其販売ヲ禁シ又ハ之レヲ取揚ク可シ」と規定されている。この時代まだ加熱殺菌は行われていなかったし、搾乳した生乳を冷却することも知らなかったという時代の話だ。

この規則の第四条に、「……搾乳、並ニ牛酪、干酪乳、濃乳ノ製造高、……」という条文があるから、搾乳業の人々は生乳のほかに、牛酪これはバターだろう、干酪乳、濃乳という名の乳製品もつくっていたようだ。恐らくこれらの乳製品は、残乳処理用のものだったに違いない。

ここで出てくる干酪乳だが、当時の人々は江戸時代の白牛酪のことを知っていたから、売れ残りの残乳は煮詰めて白牛酪に近い乳製品をつくったと思われ、それを干酪乳といったのだろう。

この時代の牛乳の売買は、全て牛乳の容量すなわち一升いくらというのが基準であって、牛乳の脂肪率や比重などの成分が売買の基準になるのはずっと後のことになる。

一杯いくらという売買だと見掛けの量を増やすために生乳に水を足したり、白水といって米の研ぎ汁を混ぜる悪いやからもいたようだ。だから他の牧牛場から乳を買う業者は、その対策に頭を悩ませ、朝早く牛乳運搬人の後を付けたりして見張ったという話が伝えられている（黒川鍾信『東京牛乳物語』新潮社）。


その後牛乳の取締法規は次第に米国に倣って改正され、一九〇〇（明治三三）年に「牛乳営業取締規則」が公布、品質基準として比重、脂肪率などの数値が規制されるようになった。

しかしまだ殺菌に関する規制は規定されず、販売してはならない牛乳として「腐敗シタルモノ」「粘稠（ねんちゅう）モシクハ苦味ナルモノ……」という条文が施行される程度であった。ただこの規則によって、①牛乳搾取や乳製品製造を営業しようとするものは地方長官の認可を受けること②衛生技術員をして、乳、乳製品を取り扱う場所の構造設備を検査させること—が新たに規定されることになる。

特にこの営業認可制度は、搾乳場や加工場の衛生条件が厳しく検査されるために、それまでの家族経営的なやり方でも営業できた牧牛業の存続を難しくさせ、わが国の牛乳処理の近代化に大きな影響を与えた。和田半次郎の処理場がその一例だが、搾乳業者が自発的に牛乳の殺菌装置を備えるようになる。一方そのような設備投資を行えず、牛乳の成分品質や衛生品質を確保できない業者は、次第に淘汰（とうた）され廃業せざるを得なかった。いわば、東京の市乳製造営業の揺籃（ようらん）期から幼年期に移行していく重要な過程が明治三〇年代であったと言える。

しかしこの段階でもまだ市乳製造に関して原料乳の殺菌の温度時間が義務付けられていない。それが法的に義務付けられたのは、一九三三（昭和八）年の内務省「牛乳営業取締規則」に六二〜六五℃、三〇分または九五℃以上二〇分という、米国と同じ殺菌方法が規定されてからである。

一九〇〇（明治三三）年の取締規則から数えて三三年目、最初に規則が制定された一八七五（明治八）年からは五八年目であった。搾乳業誕生からそれほどの速さで先進諸国（特に米国）並みの規制を敷くようになったのは、日本の官民挙げての欧米に追い付け追い越せの国民感情がもたらしたものと言えるだろう。ちなみに、英国の田舎では第二次大戦のころになっても、普通の市販の牛乳でも殺菌していない牛乳が流通していたというから、日本の乳業が米国の後追いをして、戦前既に特に公衆衛生面で著しい成長を遂げたということは特に留意していい。

エドウィン・ダンと七重官園

北海道開拓功労者　エドウィン・ダン

日本の国内生乳生産量における北海道の占める割合は五三％に達していて、北海道が日本の酪農産業の最も重要な地域であることを疑う人はいない。

その礎が築かれるのは、明治維新の数年後である。北海道はそれまで蝦夷（えぞ）地と呼ばれ、稲作に不適当な土地であって、昆布と肥料としてのニシン粕だけしか取れない地域と評価されていた。米生産量の石高で大名家の格が決まる徳川幕府の大名家序列の中で、松前藩は全大名の中で最下位の格付けであったという。

北海道酪農の父エドウイン・ダン

それが維新後、明治政府の欧米産業導入政策の先兵となったのが、酪農を主体とする北海道開拓の事業。その功労者「北海道酪農の父」として顕彰されている人物が、米国人エドウィン・ダンである。

札幌市真駒内にあるエドウィン・ダン記念公園内に彼の銅像が建っている。公園にあるエドウィン・ダン記念館とは、一八八〇（明治一三）年にダンが建てた真駒内牧牛場の管理事務所がそっくりそのまま保存されているのであった。

ダンが日本の近代酪農技術の指導者として来日して、数多くの遺産を残した足跡をたどることにする。

明治維新という薩長中心に進められた政治革命に関与した人物は数多いが、その中で北海道開拓に重要な役割を果たした人物がいる。一八七〇（明治三）年から一八七二（明治五）年まで北海道開拓使長官を務め、後に伊藤博文の後を受けて内閣総理大臣になった黒田清隆である。

黒田は維新後の一八七二（明治四）年に欧米諸国の視察旅行に出て、その途上米国のグラント大統領と会見し、日本農業の近代化のために時の連邦農務局長ホーレス・ケプロンを、コンサルタントとして日本に派遣して欲しいと要請しケプロンがそれを受諾した。当時の日本は、国際的には東洋の一小国にすぎない。そこに農林大臣に当たる米国連邦農務局長のケプロンが、日本という小国の指導役を引き受けてくれたことは画期的と言わざるを得ない。

その結果、ダンや、「少年よ、大志を抱け」のウィリアム・スミス・クラーク博士など、多くの農業技術指導のお雇い外国人が北海道開拓の指導を行い日本の酪農産業の誕生を支えたのであった。

ケプロンは、日本に送る牛の調達をオハイオ州のダンの父親が経営している牧場に依頼する。これにはケプロンの息子とダン牧場の長男すなわちエドウィンとが、オハイオ州マイアミ大学の同級生だったということも影響している。さらにエドウィンは日本向けの牛の送り届けと、日本でケプロンの助手として働くことも承諾し、一八七三（明治六）年七月に雌牛二十数頭を引き連れて横浜港から日本に上陸するのであった。それが「北海道酪農の父」の始まりになる。

ダンは獣医師でもあったので、来日直後に東京・四谷に新設された第三官園で酪農技術の講義をした後、一八七五（明治八）年、一八七二（明治五）年に開設された道南の七重（ななえ）官園に出張滞在して指導している。このとき日本で初めてレンネット凝固によるチーズが試作されたらしい。そのことは後で触れる。

ダンが七重から札幌に移り、札幌真駒内に牧牛場を開設するのはその翌年一八七六（明治九）年になる。

ただ、ダンが教えようとした米国オハイオ州での酪農経営が、そのままこの当時の日本の社会に通用したかというと、それは極めて難しいことだったと考えざるを得ない。前節にこの時代の東京における市乳販売の実態を紹介した通り、日本人でも東京のような人口の多い成熟した大都会であれば、それなりに滋養のための飲用乳の需要はあったかもしれないが、一八七五（明治八）年時点での北海道全体の人口は一八万人。札幌に集まっていた人の多くが新天地で一旗揚げようという人々であり、滋養のために牛乳を買う消費者はほとんどいなかった。

実際、ダンの技術に倣って、米国的な粗放酪農を北海道空知平野ほかの原野で再現しようとした人々が存在していたことは記録に残されているが、そのほとんどが失敗に終わっている。

当時の日本においては、飲用乳か煉乳の需要しかなく、欧米型酪農経営の王道であるバターやチーズの生産消費が成立するためには、ダン来日から五十数年後の北海道酪連が創立された一九二五（大正一四）年まで待たなければならなかった。

しかし実際には失敗に終わった北海道におけるダンの酪農経営指導にもかかわらず、ダンが「北海道酪農の父」と敬愛され銅像まで建てられたのはなぜだろうか。

それは、ダンが開設した真駒内牧牛場の後継者であり、かつダンの一番弟子であった町村金弥の存在と、そこに牧夫として働かせてくれと門前に座り込んで懇願した大分県出身の一人の青年、その後真駒内牧牛場の場長を任される宇都宮仙太郎の存在なしには考えられない。このことはまた後で触れることにする。

エドウィン・ダンの側面

前述の通り、明治初年の段階の酪農に関してはダンの仕事は道半ばであったと言っていい。しかし彼が北海道に残した仕事は酪農だけではない。乳牛に加え綿羊の飼養、さらに馬の飼育指導も行った。

綿羊の飼養は札幌牧羊場で行われた。ダンは寒冷地における羊毛織物の重要性に着目していて、来日に際して牛だけでなく綿羊も八八頭連れてきている。それまで日本には綿羊の飼養経験がなかったから、羊の群れとは一種の異国情緒を醸し出すものであったに違いない。それが北海道大学恵迪（けいてき）寮寮歌「都ぞ弥生の…、羊群声なく牧舎に帰り…」の歌詞に結び付く。

馬では去勢を指導した。農耕馬は性格従順な方が扱いやすいので欧米では種馬以外は去勢するのが常識だった。ただ日本はもともと武士の操馬術が基本になっていて、暴れ馬をうまく制御するのが馬術だという意識があり、ダンの去勢術は奇異の念を持って迎えられたらしい。しかし農耕用使役家畜としての去勢雄馬の有用性はすぐに認められる。

ダンは日高地方静内地域の新冠村に馬牧場を建設するが、その理由は札幌の土質が牧馬場に向いていないというダンの判断であった。さらにダンは日本で初めて楕円（だえん）形の馬場（現在の競馬場）をつくった人でもある。そして北海道育種場・競馬場を開設した伝統は現代にまで続いていて、いまや静内地域は日本一の競走馬の産地になった。

この二つの事業は、明治政府の富国強兵政策の一環として、北国の戦場で不可欠なウールの軍服、それと強い西洋種の軍馬の調達という目的のために推進されたという時代背景を考慮する必要がある。

北海道におけるこれらのダンの功績を考えると、ダンは北海道酪農の父だけではなく、札幌名物の羊肉料理ジンギスカンの父でもあり、日本競馬の父でもある。酪農と競馬は顕彰の銅像や碑があるが、ジンギスカンの方には何もないのは残念と言わざるを得ない。

ダンにはもう一つ明治初年当時としては画期的な行動があった。それはダンが日本人女性と正式な国際結婚をしたことである。ダンの結婚相手はツルという青森県南津軽郡出身の女性。

ダンとツルとの結び付きなのだが、ツルは青森県南津軽郡出身の七重官園で働いていた女性だという。戸籍では松田亀吉妹鶴となっていて両親は既にいない。一八七五（明治八）年、ダンが初めて東京から七重官園に赴任してきたとき、ツルは一五歳だったというから恐らく官園の下働きの女性だったであろう。そこで単身赴任してきたダンと出会い結ばれることになる。

これだけでは、この二人の関係はなんとなくダンが身の回りの世話のために差し向けられた女性と現地妻的関係になったのでは？　と考えてしまいがちだが、ダンの場合はその後も東京や先の静内に出張する場合でも常にツルを伴い、真剣にツルとの正式な結婚を実現しようと努力する。

当時のこと、国際結婚といってもそれを法的に成立させる「国籍法」が施行されたのは一八七三（明治六）年で、実際に日本最初の国際結婚が認められたのは一八七七（明治一〇）年になってからだという。

ダン夫妻の場合も、婚姻届を提出してもツルの米国籍への移行が認められず、入籍が認可されたのは結婚後一〇年を経た一八八四（明治一七）年一〇月のことであった。その間長女ヘレンが生まれたが、ツルは「ダンの妾」としての待遇でしかなく、公的に妻として認められない地位に甘んじなければならなかった。ダンはツル入籍までの交渉を「ほとんど果てしないお役人相手の面倒な手続き…」だったと回想している。

ダンはお雇い外国人として、始めはある程度お役目を終えたら帰国して、オハイオ州の父の牧場を継ごうと思っていたことだろう。しかしやがて彼は終生日本で暮らしたいと思うようになり、一八八二（明治一五）年北海道開拓使が閉鎖になった後一時帰米するが、すぐ駐日米国領事館の職を得て日本に戻り、その後も種々のビジネスに携わって過ごした。その志の背中を押したものは、ツルの献身的な内助の働きだったと自伝『日本における我が半世紀の回想』の中で述べている。

ダンは、一九三一（昭和六）年八四歳で生涯を閉じるまで日本で生活し、死後は東京の青山霊園に葬られる。

一方ツルは一八八四（明治一七）年待望の入籍をした後、晴れてダンの妻として社交界に登場する。そして教育のために米国の親戚に預けていた長女ヘレンを迎えに行こうとした矢先、一八八八（明治二一）年慢性胃炎のため急逝した。享年二八歳だった。

ツルの墓もダンの墓とともに青山霊園に並んでいる。

日本で初めてのチーズづくり『乾酪製法記』

北海道編『新北海道史年表』によれば、一八七七（明治一〇）年の記事として「真駒内牧牛場、第一回内国勧業博覧会に粉乳・乳油（バター）、乾酪（チーズ）を出品し褒賞をうける」という記述がある。日本の食物史関係の年表にはおおむねこの記述をもって、日本で初めてチーズがつくられた年としているようだ。

一方、北海道教育委員会編『お雇い外国人』によれば、「北海道開拓使七重開墾場（通称七重官園）において、一八七五（明治八）年開拓使顧問のお雇い外国人として来日した米国人エドウィン・ダンの指導によって、日本で初めてレンネットを使用して凝固させたチーズがつくられた」という記述もある。

両方の記述に共通しているのは、どちらもダンが関わっているということだが、「日本で初めて」ということならば、この二年の差は無視できない。

明治政府が、北海道農業の近代化を意図して政府に北海道開拓使を設立し、薩摩藩士黒田清隆を実質的責任者としてその運営に当たらせ、一八七二（明治五）年北海道七重町（現在は七飯町に町名変更）に七重開墾場（通称七重官園）を開設し、酪農、寒冷地農業などの実験農場としたことは既に述べた。

そしてダンが来日後、初めて北海道の地を踏むのは一八七五（明治八）年、その場所が七重官園であった。その後札幌に移るのは翌年の一八七六（明治九）年で、そこで牧牛場を開設する。従って、日本初のチーズづくりはこの最初の任地であった七重官園にいた一年間での仕事に違いない。

北海道渡島郡七飯町は函館市内から車で二〇分くらいの距離。ここに七重官園の跡地に建てられた北海道七飯町歴史館というこじんまりした資料館があり、残された農機具や七重官園で働いていた人々の記録などがひっそりと収蔵されている。その中に官園職員であった迫田喜二の手記が一〇点ほど『迫田家文書』としてまとめられ、七飯町指定文化財として展示されている。

この『迫田家文書』の中に和とじ筆書きの『乾酪製法記』と表記された文書がある。

内容は、英国産チェダー、チェシャー、エァシャー、スチルトン、ダンロップの各チーズ、オランダ産ゴーダ、エダムチーズの製法の聞き書きである。枚数は三〇枚の表裏、そして奥付に「明治十年十一月之を写す　迫田喜二」と記されている。

この筆書きの本の中に、「…胃内ノ含有物ヲ除去シテ『リ子ット』ヲ製スルハ、…塩漬ニシテ一週間、或ハ十日ノ間曝乾シテ直チニ之ヲ用ユルナリ。」という記述がある。これは恐らく、日本で最初に凝乳酵素レンネットについて記録された文書で、伝説的であった七重官園でのわが国最初のチーズ製造という史実を解きほぐす手掛かりになる記録であった。

筆者の迫田喜二は、西郷隆盛の遠戚に当たるそうだが、明治初年の北海道開拓使長官の黒田清隆と同様に薩摩藩下級武士の出で黒田より九歳年下であった。黒田と出会ったのは上野戦争だったらしい。

黒田は維新後も明治政府の中で次々に重要な地位を上っていき、北海道開拓使次官に就任したのに伴い、その伝手をたどって迫田は開拓使の役人に採用され、黒田に従って北海道に渡り七重官園に職を得る。そのとき迫田は二四歳。一八七二（明治五）年のことであった。

ダンが七重官園に来て実際の指導に当たるのは一八七五（明治八）年で、その前後から本格的な乳加工の試作が始められたに違いない。

ただ『乾酪製法記』なる文書を残した迫田には、きちんとした英語の教育を受けてきたという経歴は見当たらないので、エドウィン・ダンが着任したにせよ、迫田にこれだけの文書を書かせるだけの力量を持った日本人の存在が必要になってくる。

その人物が、もう一人の薩摩藩士、湯地定基だと推測される。湯地は一八四三（天保一四）年生まれだから、迫田より六歳年長。

湯地は、明治維新以前に薩摩藩の海外留学生として、米国マサチューセッツ州の州立農科大学に留学している。江戸時代の海外留学というと不審に思うかもしれないが、江戸時代でも世界の流れに目を凝らしていた藩は、その将来を託せる若者をいろいろな道筋で、海外に密航留学させていた。

長州藩でも一八六三（文久三）年の五月に、後に「長州五傑」と呼ばれる五人の若者を横浜港から英国船に乗せて英国に密航させている。この五人には後の総理大臣伊藤博文、内務大臣井上馨、鉄道庁長官で「日本鉄道の父」と呼ばれる井上勝などなど錚々（そうそう）たる人物が含まれている。

薩摩藩も同様、湯地を米国に送り込み、後に北海道札幌に農科大学を設立したとき招聘した、マサチューセッツ農科大学教授だったウィリアム・スミス・クラークとコンタクトを付けたのである。

湯地は一八七一（明治四）年に米国から帰国してすぐの翌一八七二（明治五）年、七重官園創設とともに迫田と一緒に着任し、ダンに先駆けて北海道開拓使顧問として来日していたケプロンの通訳として、ケプロンの東京着任の最初から明治八年に帰米するまで一緒に行動している。

湯地は一八七五（明治八）年にケプロンに代わってダンが技術顧問として七重官園に来るのと同時に七重官園場長を拝命し、ダンの指導を受けながら官園の管理職としての職務に精励する。以後彼は、名実共に北海道農業開発の第一人者として多忙な日々を送ることになり、一八八七（明治二〇）年から一八九〇（明治二三）年にかけてドイツ、米国に派遣される。その実績をもって開拓使組織が閉鎖になっても北海道庁内にとどまり、同庁内の要職を歴任し一八九〇（明治二三）年元老院議官、一八九一（明治二四）年貴族院議員などの顕職を歴任する。湯地は一八四三（天保一四）年の生まれだから、貴族院議員を拝命したときは四六歳の若さだった。

いずれにせよ、マサチューセッツ農科大学留学経験のある湯地定基、『乾酪製法記』を記述した迫田喜二などというスタッフを得て、七重官園において種々の乳製品の試作や実験が進められたことは記録に明らかである。そして七重官園はエドウィン・ダンの指導と助言を受けていたにせよ、実質は湯地や迫田などの薩摩藩士たちを中心とする日本人技術者たちによって運営されていたと考えてよい。

そこに一八七五（明治八）年日本で初めて、七重官園においてレンネット使用のチーズが試作されたという史実の確からしさの裏付けを見ることができる。そしてこの迫田の手になる和とじ筆書きの『乾酪製法記』が日本人による日本最古のチーズ製法書だということは揺るぎない事実である。

国産の加糖煉乳を築いた人々

乳業技術の先駆者、岩山敬義

明治維新が薩摩長州の連合によって遂行され、当然のことながら新たに発足した明治政府の要職には薩長それぞれの藩士が登用されたことは言うまでもない。

明治政府の文明開化政策の中で特に酪農事業を担った要人たちにはなぜか薩摩藩士が多い。開拓使長官黒田清隆、その下で北海道酪農の草創期に活躍した湯地定基など。そしてここに紹介する岩山敬義だ。彼が内務省勧農寮の千葉県下総(しもふさ)牧羊場に場長として赴任したのは一八七六(明治九)年のこと。

岩山は、一八三九(天保一〇)年生まれ、一三歳にして薩摩藩主島津斉彬の側に仕える。軍役の後上京し共立学舎にて英語を習得。一八七一(明治四)年、農事視察のため米国に派遣される。カリフォルニア州のホイト牧場で二年間にわたり酪農実務および諸文献の読解などに励む。

岩倉具視を団長として欧米各国を歴訪した「岩倉使節団」と一八七三(明治六)年にサンフランシスコで合流し米国内を随行する。使節団メンバーの久米邦武の記録『米欧回覧実記』(岩波文庫)によれば、この使節団は訪問国それぞれで日本人留学生たちを合流させ、その人数は延べ五〇人ほどに達していたという。

『岩山敬義小伝』に、使節団副使の大久保利通が留学生を集めて、「君らはアメリカでいかなる勉強をしているのか聞かせなさい」と言い一席を設けた話がある。留学生たちは口々に「私は法律だ」、「軍事だ」と誇らしげに報告する中で、岩山は「牛を飼い、羊、豚を飼う法」を学んでいると言ったら、満座が「士族の子弟ともあろうものが、米国まで来てそのような下賤（げせん）の生業を学ぶとは」と失笑したそうだ。

それを見た大久保利通は、皆を制して「いま日本に必要なのは牧畜の技術であって、君（岩山）の志はわが国の前途に大きな可能性を開くものだ」と励ましたという。そしてその場で、米国農務省での調査、さらにその後英国に渡ってヨーロッパ牧畜を調査して帰朝するように命じたという。

岩山はその意を受けて滞米の後英国に回り、調査とともに短角牛、メリノ種ほかの羊、農具、種子などを購入、一八七三（明治六）年八月に帰朝する。

ところで一八七三（明治六）年当時、日本に正当な牧畜技術を身に付けた人が果たして何人いただろうか、それは一八七三（明治六）年七月にオハイオ州から横浜に到着した米国人エドウィン・ダン、その助手をしていた湯地定基、そして一月遅れで欧米での調査を終えて帰朝した岩山敬義、この三人だけだったのではないか（最近、一八七二〈明治五〉年京都府立牧畜場でドイツ人ジョンソンが酪農指導を行ったことが橋爪伸子氏によって報告されている）。

ダンは東京新宿の勧業試験場で一年過ごした後、北海道開拓使のお雇い外国人として湯地と共に北海道に赴任する。一方岩山は、明治政府が北海道と並行して本州でも牧畜技術を開発する計画に協力し、お雇い米国人アップ・ジョーンズと共に下総に新しい牧場を開設する準備に携わる。そして一八七五（明治八）年に開設された下総牧羊場の初代場長に任命される。

何で牧牛でなく牧羊か。当時の明治政府はロシアを含む列強に対抗できるだけの軍備を整える必要に迫られていて、寒冷地用軍服のための羊毛の増産を計画していたのであった。

だが岩山は、下総牧羊場長でありながら近接地に牛・馬の牧場を開設して、全国から牧畜を志す弟子たちを集め育て、日本における近代農業、酪農、獣医などの基礎を築くことに専念する。さらに後述するが、牧牛場において加糖煉乳の国産化に向けた試作研究に応援を惜しまなかった。その意味でエドウィン・ダンが「北海道酪農の父」ならば、岩山敬義は「煉乳技術の父」と言っていいかもしれない（岩山の事績については、東京農業大学の友田清彦『農村研究』第一〇三号ほかにおおむね準拠している）。

残乳をどうするか？

ここで一八七三（明治六）年当時の乳業事情を振り返ってみたい。

先に述べたように、明治政府の積極的な文明開化政策による牛乳飲用の奨励に呼応して、一八六九（明治二）年から一八七一（明治四）年にかけて前田留吉、旗本から転業した阪川當晴、辻村義久らが次々に牛乳搾取所を開設し、一八七五（明治八）年には東京に「牛乳搾取組合」なる業界団体が発足した。だが当時はまだ冷蔵設備がない時代で、かつ牛乳は未殺菌牛乳であったから売れ残りはどんどん酸敗する。これをどうするかが問題だった。

一つの解決法は、維新前に江戸城内で牛乳を平釜で煮詰めてつくった「白牛酪」をまねてそれらしいものをつくることだった。このころの新聞に「白牛酪あります」という広告が出ているから、東京ではかなり普及していたと見てよい。

もう一つは、米国に「コンデンスミルク」という乳製品があるという情報であった。この情報のルーツをたどってみると、米国ボーデン社がコンデンスミルクの製法を確立したのが明治維新の一五年前（一八五三年）、量産するのが七年前、そして二年前にボーデン社が「イーグルブランド（鷲印）」を命名。これ以前に既に米国軍隊に採用されているから、当然維新の年には既に横浜に到着していただろう。

しかし日本の刊行物にコンデンスミルクの正しい説明が出てくるのは、一八七二（明治五）年の『新聞雑誌五月号付録』にある「牛乳を以て乳児を育てる法」の中で紹介されるのが初めてのようだ。単純な売れ残り牛乳の活用ということならば、「白牛酪」に加工することで問題はないのだが、日本人の好奇心というか新しもの志向というか、「そんな有用なものがあるなら、ぜひ技術導入したい」ということになる。

この新しい売れ残り牛乳の処理法を欲しいという願望が、その後の日本酪農技術の発展を欧米やユーラシア大陸などの酪農先進地域の歴史的な技術発展過程と全く別な道に導く。すなわち生乳→はっ酵乳→バター・チーズと加工する伝統的酪農技術の発展の道筋とは異なり、生乳から濃縮乳、そして加糖濃縮乳（コンデンスミルク）へと展開し、はっ酵乳、バター・チーズが後回しになった日本独特の酪農技術の歴史を形成する端緒になった。

この日本独自の酪農技術の発展過程が、現代日本の酪農乳業の在り方にも濃い影を落としていることは無視できない。

煉乳国産化への道筋

この煉乳製造技術を自力で何とかしなければと、立ち上がるのが東京で牛乳搾取業を営んでいて残乳処理に悩んでいた旧幕臣出身の辻村義久、村岡典安らであった。

この時代欧米から導入した新技術は、電信にしろ、鉄道にしろ、人々にとって全て目を見張るようなハイテクだったに違いない。搾乳業もまた最新のハイテク、さらに乳児栄養の革命的改善という社会的使命もあり、幕臣という旧体制から華麗に脱皮して新規事業に進出した人々がさらなる可能性の追求という高揚感を持って煉乳製造に注力したと想像していい。

だが、まだ彼らの知識レベルは、ボーデン社が着想した真空にすることによって水の蒸気圧を下げ、沸点を降下させ、一〇〇℃以下の低温で、焦げつかせないで牛乳を濃縮するという物理的な原理、それを実現する工学的技術への理解にはまだ到達していない。

だから取りあえず青銅製の平鍋で牛乳に砂糖を加えて直火で煮詰めるということからスタートする。平鍋の大きさは一八七二（明治五）年の東京での試作例では直径約四五㌢、深さ約一七㌢の鍋だったという。熱伝導率のいい青銅製だから煮詰め鍋として悪くはないが、牛乳中の乳糖に加えてショ糖が加わるので、煮詰めるに従って褐変してしまう難点があった。

そこで登場するのが湯煎鍋。すなわち外鍋で湯を沸かし、そこへ内鍋に煮詰めたいものを入れて間接的に加熱する。外鍋の温度は一〇〇℃以上にはならないから効率は悪いが絶対に焦げることはない。これは江戸時代から焦げやすい食材を加熱するときの日本料理の技法として伝えられてきた日本独自の技法で、この湯煎鍋の発想と開発を後押ししたのが、下総牧羊場場長の岩山だった。

煉乳湯煎鍋の開発を担当したのが井上謙造。彼は一八八〇（明治一三）年に新宿の試験場から岩山によって下総御料牧場に引き抜かれてきた職員だった。

この年、板金業の根岸吉松が、東京四谷の愛住町で湯煎鍋の開発にたまたま着手していたということもあって、井上は根岸と協力し湯煎鍋の外鍋と内鍋を組み合わせて、外鍋に注水・排水ができるバルブを付けた二重釜を開発し一八八四（明治一七）年に売り出した。この新しい釜は決して焦げない濃縮鍋として乳業界に迎えられ「井上釜」と呼ばれた。

これを契機にして、牛乳業の辻村義孝や村岡典正は早速「東京煉乳（れんにゅう）社」を創業して煉乳を専門につくり始める。また根岸兄弟の弟、根岸新三郎は煉乳製造専門の「海陸社」を興すなど煉乳づくりが一種のブームのように盛んになる。

この井上釜の実力は、その後全国の煉乳製造者がこぞって採用したこと、さらに北海道開拓使の七重試験場でも井上釜で煉乳の製造を始めたので、日本国内における評価は確定した。

明治後期には全国に煉乳工場が三八カ所に増え、そのほぼ半数以上は井上釜を採用した。さらにその中で千葉県に八工場が集中しているのは、岩山の開発・指導によるものが大きいと見るべきだろう。

常圧牛乳濃縮器の「井上釜」

真空釜の国産開発への発展

一方この時代、ともかく欧米の技術に追い付けという時代で、米国のボーデン社の煉乳製造機械は、もっと進んでいるらしいという情報が入ってくる。

この一八八二（明治一五）年前後の日本社会の変化は極めて急速で、たとえば一八七八（明治一一）年にはパリ万博に参加、一八七九（明治一二）年米国グラント前大統領来日、一八八三（明治一六）

年鹿鳴館開館、一八八六（明治一九）年メートル法公布、一八八七（明治二〇）年白熱電灯営業開始、横浜に上水道完成と国を挙げて欧米技術のキャッチアップに忙しい。

それで日本でもボーデンに倣って真空濃縮の装置をつくろうという試みがスタートする。その先兵として活躍するのが静岡県三島の花島兵右衛門だった。

花島は元々病弱で牛乳のおかげで成人したという思いから煉乳製造を志したという。彼はまず井上釜を使用して一八九一（明治二四）年に加糖煉乳を製造し始める。そしてその五年後に自社開発の真空釜による「金鶏印」というブランドの加糖煉乳を市場に出した。

花島には機械装置に関するいい相談役がいて、最初の井上釜での煉乳製造は東大の玉利喜造教授が指導。さらに花島の義弟に小田川金之という東大出の工学博士がいて、一緒に煉乳真空濃縮装置の試作を始めた。モデルにしたのは製薬工場で既に使われていた濃縮装置だったらしく、容量は原料乳で二七〇〇《リットル》だったというから一応工業生産を目指している。

この花島の存在が、明治後期において静岡県に四工場も煉乳工場が稼動する原動力になった。花島の三島工場は後に森永乳業に買収されるが、彼の煉乳真空釜の独力開発の業績は日本乳業史に残る偉業であった。

千葉、静岡に続いて日本各地に煉乳工場が開設され始める。一九一六（大正五）年の農商務省の統計を見ると、煉乳をつくっている工場は、千葉（八）、山口（五）、北海道（五）、静岡（四）、広島（三）、島根（三）、兵庫（二）、秋田・山形・福島・富山・石川・福井・愛媛・香川にそれぞれ一工場、全国で合計三八工場に達している。

これまで千葉、静岡における先駆者について紹介してきたが、本州の南端の県でありながら、なにゆえ山口県が北海道に肩を並べて煉乳工場が五つもあるのだろうか？

やはり山口にも先駆者がいた。隅猪太郎という発明好きの男である。

叔父に斉藤勝宏という人がいて、彼も一八九一（明治二四）年に恐らく平鍋か湯煎鍋を使って煉乳をつくり始めた。それを見て甥（おい）の隅猪太郎は、話に聞いていた真空釜という機械でつくったら、もっといい煉乳がつくれるのではないかと、山口県広瀬村（現岩国市）で真空釜の試作に取りかかる。欧米の真空釜のように完成度は高くなかったが、曲がりなりにもそれなりの装置を組み立て、一八九六（明治二九）年煉乳の製造を始め、「鶴印煉乳」として販売を開始した。彼はしかし若くして亡くなり、創立した隅煉乳所も後継者に恵まれず廃絶してしまう。

日本で初めて外国製の煉乳製造用の真空釜が輸入されたのは一九一〇（明治四三）年ごろで、札幌の月寒種牛牧場に米国製の釜が据え付けられた時というから、先進国のお手本を見る一四年も前に独力で煉乳製造のための真空釜をつくったという知的能力は自慢していい。

加糖煉乳の品質改善

先に述べたように、一八七五（明治八）年にエドウィン・ダンが北海道酪農開拓の指導に来日したのだが、ダンは生乳からバター、チーズをつくる正統派の酪農乳業技術を日本に伝えに来たのであって、その二十数年前に同じ米国で発明されたといってもコンデンスミルクの製法なんか知るはずもない。書道を教えに来た男にワープロを教えてくれと頼んだようなものだから、ダンは煉乳づくりには全く興味を示していない。そんなわけで北海道の煉乳製造は、本州のそれと比べて明治中期くらいまでは後れを取る。

これが劇的に転換を始めるのは、一八九五（明治二八）年に北大を卒業し、ドイツに酪農乳業の勉強のため留学して一九〇〇（明治三三）年に帰朝、直ちに北大教授に迎えられた橋本左五郎の存在だった。この年はちょうど二〇世紀の前夜だ。

当時の日本の煉乳技術では、井上釜や花島真空釜、輸入の真空濃縮釜などの装置によって煉乳そのものはつくれるようになっていた。だがどうしても解決できなかった品質上の課題は、粗大な乳糖結晶の生成であった。

牛乳中の炭水化物である乳糖は水への溶解性が低い。従って牛乳をある濃度まで濃縮していくと乳糖の溶けない部分が結晶化してくる。さらに煉乳には水に溶けやすい多量のショ糖が加わっているため、ますます乳糖ははじき出されて結晶しやすくなる。この粗大な乳糖結晶は、まるで砂をかむように口中でジャリジャリしてとても食べ物とはいえない品質になる。

橋本は、この乳糖結晶を舌に感じない程度に微細化する技術の研究に没頭した。しかしこれは簡単に解決できる問題ではなく、米国のボーデン社や花島煉乳所などに工場見学を申し込むのだが、これは重要な企業秘密ということで門前払いされる。

しかし橋本のお弟子さんたちに俊才がそろっていた。北大の教え子湯地定武（北海道酪農開拓に尽力した湯地定基の息子）、東大から北大に移ってきた里正義による乳糖結晶の研究、さらにカンザス大学で煉乳研究をしてきた宮脇富（あつし）などが協力して研究し、苦労しながらも乳糖結晶の微細化に成功する。

この成功はコロンブスの卵のようなもので、過飽和状態の溶液に微細な結晶種を添加するという単純な解決法なのだが、しかし結晶学の原理に完全に適合している方法だった。

ところで、橋本という人には幾つかエピソードがある。彼は岡山の農家の生まれ。東大に入ろうとして予備校に通う。そのとき同じ下宿で同じ釜の飯を食ったのが後の文豪夏目漱石だった。

二人並んで東大の入学試験を受けたが、代数の問題が難しくて夏目漱石が頭を抱えていると、隣に座っていた橋本がこっそり答えを教えたそうだ。それで漱石は合格し、教えた橋本は落第したと漱石が回想記に書いている。橋本は自分を落とすような東大には行かない、北大に行くと漱石に言って北海道に渡ったという。この分かれ目が北海道の煉乳製造に大きな貢献をもたらしたのだから面白い。

日本の酪農乳業界もこのような経過をたどりながら、大正時代に入ると煉乳製造所の廃業・合併の時代に入る。煉乳製造は砂糖が確保されなければつくれないから、酪農と製糖会社の連携が不可欠であり、次第に大資本の製糖会社に系列化されていく。おおまかに千葉県系統と北海道系統の煉乳工場は明治系へ、静岡県系統のそれは森永系に整理統合されていく。

このような中小企業の統合合併というと、とかく現代的な企業論理が先行するように考えられがちであるが、この時代の乳加工場は全てその傘下に直系の酪農家を維持しているわけで、当然採算とか生産性のような理詰めの考え方と並行して酪農業の健全な発展も考慮に入れた変革が必要であった。そのリーダーだったのが大日本煉乳協会理事長で、後に森永乳業の初代社長になる松崎半三郎であった。草創期のわが国の煉乳産業は、欧米からの輸入品との競合、原料砂糖の価格、課税などの問題があって、それゆえに時には原料乳価格をめぐって資本側と酪農民との対立も生じたのであったが、対立の都度松崎のような調整役が出て政府との対応を行ってきたという側面を見逃すわけにはいかない。

明治以降の日本への乳食文化の導入が、まず乳児栄養の充足という目的でスタートし、そして酪農先進諸国のように生乳からはっ酵乳やバター、チーズの製造に進まず、育児用煉乳と製菓原料向け煉乳の製造が主流になるという歴史的経過は、少なからずその後の日本の乳食文化の展開に影響を与えるのである。

米国での煉乳は当初確かに乳児栄養食品であったが、粉乳技術が開発されるとすぐ軍隊用糧食とか熱帯地域への輸出に方向転換した。しかし日本では、育児用用途の他、かき氷やイチゴに煉乳、ミルクキャラメルという日本独特の組み合わせが普及する。従って日本人にとって煉乳のフレーバーは栄養食品としてよりも嗜好（しこう）食品として認識されているといって過言ではない。またそのような経過で煉乳が日本人に浸透したことは、煉乳独特のスコーチドフレーバー（軽い焦げ臭）になじみやすい食嗜好が形成された要因になっている。

ホルスタイン牛を導入した人々

明治期のホルスタイン

著者の友人の画家が放牧の牛が点在しているアルプス山麓の風景画を描いたのだが、その牛たちが黒白斑のホルスタイン種だった。さて、アルプス山麓ではブラウンスイス種などの赤牛が多くて、黒白のホルスタイン種はほとんど見かけることはないはずだ。日本の牧場風景ならば、広々とした草原に黒白斑の牛群という風景で誰も疑わない。言うまでもなく日本で飼われている搾乳牛の九九％がホルスタイン種だからである。

なぜ九九％がホルスタイン種なのか。

一五〇年前のこと、明治政府が北海道開拓のために酪農を導入しようとして、米国から招いたお雇い外国人エドウィン・ダンは、一八七三（明治六）年に牛二十数頭を連れて横浜に上陸した。そのとき連れてきた牛種はダルハム種とショートホーン種他となっていて、ホルスタインは含まれていない。米国で「純系ホルスタイン牛協会」という団体が設立されたのは、ダンの来日一年前の一八七二（明治五）年のことだから、ダンの出身地オハイオ州で飼養されていた手元の牛にはホルスタインはいなかったと考えられる。

日本で最初にホルスタイン牛を輸入したのは、紀州出身の津田出（一八三二〜一九〇五）とされている。彼は千葉に貧民救済のために米国式大農場を造成することを計画し、農商務省「輸入牛馬系統取調書」によれば、一八八五（明治一八）年にホルスタイン雌牛五頭、ジャージー牛一〇頭などを輸入したと記録されている。ただしそれらの輸入牛が純系のホルスタインだったかは明らかでなく、そのような記録があるということにとどめざるを得ないようだ。

というのは、ホルスタイン種を搾乳用に泌乳能力を上げる育種を心掛けるようになるのは二〇世紀に入ってからのことで、この当時米国で普及していた牛種はまだ乳肉兼用が目的であった。そのため米国では肉用牛ショートホーン（赤牛）と乳用牛ホルスタインとの交配が行われ、赤白斑のホルスタイン牛が生まれる原因にもなっていた。

欧米各国でも血統登録が普及するのは一九世紀後半になってからなので、日本では牛種の選択については明確な知識がなく手探りだったに違いない。しかし明治政府が牛種を導入するに当たって、望ましい牛種のイメージとして、頑健で耐病性があり、粗食で、乳肉兼用、小柄・温厚で未熟な農民でも扱いやすいのがいいと考えていたようだ。

それらの観点から明治政府が推奨した牛種は、エアシャー、ショートホーン、シンメンタール、ブラウンスイスであって、ホルスタインは入っていない。だから明治期におけるホルスタインの導入は、むしろ交配業者などの情報が豊富だった民間主導だった。

一九〇七（明治四〇）年における牛種ごとの純系種雄牛数の農商務省調査結果（全国）によると、

エアシャー三三八頭、ホルスタイン三二一頭、ショートホーン六三頭、ブラウンスイス六〇頭、ジャージー一六頭、シンメンタール一〇頭、ヘレフォード八頭という分布になっていた。エアシャーとホルスタインが、断然他の牛種を引き離してかつ拮抗していたことが分かる。

これを地域的に見ると、北海道がエアシャー六六頭に対してホルスタイン一一頭で、エアシャー飼養が断然多い。このほかエアシャーが優勢な地域は、兵庫、広島、山口などであった。ちなみに北海道ではショートホーンの種雄牛も多く四四頭とホルスタインの四倍になっている。エドウィン・ダンらの指導の影響と見てよい。

しかし当時の酪農の現場では、肉用には和牛や和牛洋種交雑種がいたし、まだバター、チーズの需要がほとんどない時代だったから、原料乳の行き先は飲用乳か煉乳製造でしかなかった。となると乳固形分（特にタンパク質）や、乳脂肪率が高いという乳質よりも、むしろ見かけの泌乳量が多い牛の方が望まれるのは必然のことであった。それ故、政府推奨とは別に民間ではホルスタイン種導入の要望が高まり、次第にホルスタイン種が優勢になるような牛種交代が進められていく。

ホルスタイン種への機運

北海道におけるホルスタイン種推進派のリーダーは、北海道酪農の父として後世に多くの影響を与えた宇都宮仙太郎であった。彼の先導でホルスタイン導入を推進する人脈がつくられる。たとえば彼は一九〇六（明治三九）年に、ホルスタイン種牛を買い付けに渡米するが、その時宇都宮たちを買い付け先の牧場を案内したのが、当時米国に在住していて酪農修行に励んでいた町村敬貴（ひろたか）であった。

日本へのホルスタイン種導入の機運は北海道だけではなく、兵庫、千葉、石川、静岡、東京など各地に広がっていくが、その導入過程で種々の摩擦が発生した。

たとえば石川県の場合、それまでの県の推奨牛種だったショートホーンと新しいホルスタインとの間で、県内酪農家の意見が二分され互いに譲らないという紛争が生じた。

これを収めたのが、時の県知事に昇進していた岩山敬義。先に紹介した通り明治初期における日本酪農の先駆者で、米国で酪農を学んだ後、明治政府の委嘱を受けて千葉県下総牧羊場の場長に赴任し、加糖煉乳製造装置の開発を推進した人だ。

岩山知事の鶴の一声は「種々の説総合するに、本県の牛種はホルスタインをもって改良すべし」ということで石川県の酪農基本方針を示したという。

東京でのホルスタイン推進のリーダーは、神奈川、埼玉などで多くの牧場・市乳販売を経営していた愛光舎の社主、角倉賀道だった。彼は一九〇七（明治四〇）年から四年間かけて、ホルスタイン種牛九四頭を宇都宮仙太郎と同じように町村敬貴の仲介で輸入している。愛光舎は当時関東地域で手広く市乳工場を経営するほか乳牛の交配を行って若雌牛を販売する交配業者でもあった。

さらに、中央官庁の農商務省においても、ホルスタイン推奨への方針転換に尽力した人がいた。岩波六郎（一八七六〜一九六四）がその人。この人はめん羊飼養の研究で札幌月寒種畜牧場の場長を務めた後、農商務省に移り種牛の購買の担当としてホルスタイン種の普及に尽力した。彼は退官後、極東煉乳（れんにゅう）に役員として招聘（しょうへい）され、さらに極東煉乳が明治乳業（現・明治）と合併した後でも明治乳業の役員を務めた。

このように、日本の牛種はエアシャー種優勢からホルスタイン種へと覇者が交代したわけだが、中にはエアシャーに愛着を持つ酪農家もいた。北海道岩内の三田牧場では一九七五（昭和五〇）年ごろまでエアシャーを三〇〜四〇頭も飼養していたという。

ホルスタインという牛種

日本では、この牛種があまりにも普及していて、この牛の由来などあまり気にしていない人が多いようだ。だがヨーロッパでホルスタインと言ってもけげんな顔をされることが多く、フリージアン種と言った方が分かってくれる。

ホルスタインという牛の名前は、ドイツ北部のホルシュタイン地方に由来し、そしてフリージアンという名前はオランダ北部のフリースランド地方に由来している。要するにドイツ北部のホルスタイン地方の牛も、それよりさらに北上したオランダフリースランド地方の牛も元をたどれば同一原種とみなせるのだが、それぞれ別の名前がついているのには訳がある。

一九世紀後半に入って種牛の売買や多国間の家畜取引が盛んになると、乳用牛や肉用牛の生産性を重視する立場から、血統や産地証明などを家畜牛の能力評価のために明らかにする必要に迫られてきた。一方近代に入って遺伝学、分子生物学の発達によって、家畜の品種の同定が厳密になり、特に経済家畜である牛の取引に際しては種の特定とその呼称、さらにその血統の証明が重視されたのである。

そのため取引する牛の血統を証明する機関が成立した。

ヨーロッパにおける最初の試みは、一八七五（明治八）年にオランダで牛の血統登録を業務とする「オランダ牛登録協会」の設立であった。しかしこの協会での登録牛は大ざっぱに「黒白斑種（乳用）」「グローニンゲン種（黒白乳肉用）」「赤色イーゼル種（赤白斑乳肉用）」「その他」に分類しただけだったらしい。

もう一つの動きは、先に述べたフリースランド地方で一八七八（明治一一）年に「フリージアン牛登録協会」が設立されたことであった。ここの登録牛はほとんど黒白斑種であって、結局この協会の名称が、黒白斑種をフリージアンと呼ぶヨーロッパの傾向を決めた。この二つの登録協会は現在でも統合せずそれぞれ活動していて、オランダから日本に輸入された乳牛はほとんど「フリージアン牛登録協会」に登録された牛であったという。

しかし日本ではフリージアンという名前が一般化せず、ホルスタインという名が通用するようになったのにはまた別な理由がある。それには米国方式が絡むのである。

米国ではオランダより三年早く、一八七二（明治五）年に「純系ホルスタイン牛協会」が組織される。さらに六年遅れて一八七八（明治一一）年に「オランダフリージアン牛繁殖協会」が発足する。要するに取引業者がドイツ派かオランダ派かの違いだっただろう。いずれにせよ、このような協会乱立は紛らわしいので、一八八五（明治一八）年に合併して「米国ホルスタイン・フリージアン協会」と改名、だが名前が長過ぎたのか一九九四（平成六）年に再び改名して「合衆国ホルスタイン協会」となった。

このような経過があって、あの黒白斑の牛はヨーロッパではフリージアンと呼ばれ、北米ではホルスタインと呼ばれるようになる。

しかし日本ではホルスタイン種という名称のみが定着しているのは、外国産牛の輸入が米国からのホルスタイン牛のみであったことを示している。

ついでながら、日本での血統登録については一八九〇（明治二三）年に「日本畜産協会」が設立され「純粋牛簿編成規定」というものが二年後に制定される。この業務は「日本蘭牛協会」（一九一一（明治四四）年創立）に引き継がれ、その後の団体名の変遷を経て現在は「一般社団法人日本ホルスタイン登録協会」（一九四八（昭和二三）年創立）がその歴史を引き継いでいる。

町村敬貴という人

これまで日本の乳牛の主流がホルスタイン種に変わっていく経過や、ホルスタインという名称の由来などに触れてきたが、日本へのホルスタイン導入のフロントランナーを一人だけ挙げるとすれば、それは町村敬貴をおいて他にはいない。

この人のことを語るには、まず父の町村金弥のことから語らねばならない。金弥を初代とする町村一家は北海道、いや多分日本における酪農家として第一級の家系だといって過言ではなかろう。

金弥は一八五九（安政六）年、越前武生藩士の家に生まれる。九歳のときに明治維新を迎える。向学の志を抱いて上京、英語を学び、さらに一九歳にして当時最先端の札幌農学校の二期生となる。教師にエドウィン・ダン、同期生は内村鑑三、新渡戸稲造、宮部金吾など後に日本を代表する人材がいた。卒業後直ちに北海道開拓使の真駒内牧牛場に勤務、牛一〇〇頭、豚八〇頭の飼養を任され、日本酪農の第一期生としての一歩を踏み出す。その年一八八一（明治一四）年である。

当時の日本酪農は、東京で前田一族、阪川らの牛乳販売が軌道にようやく乗り始め、千葉では下総牧羊場長だった岩山敬義が煉乳製造の試作を終えて東京勧農局に赴任、と

ホルスタイン牛導入に尽力した町村敬貴

いった黎明期であった。

金弥は一年で牧場長に就任する。さらに政府の機構改革により北海道開拓使が廃止されるに伴い、代わって発足する北海道庁に勤務、また当時乱立する北海道開拓集団、華族出資農場の経営指導などに奔走する。その間宇都宮仙太郎をはじめ多くの先駆的酪農家を育成した。ただこの人は、その生涯で自分の財産となる牧場を持たず、もっぱら人の世話をして一生を過ごした。立場的にはいくらでも自分の土地として切り取りできたはずだが、そういう私欲を肥やすことは全くしない清廉な人格の人だった。

金弥の長男、町村敬貴は、金弥が牧場長になった一八八二（明治一五）年に真駒内の牧場内で生まれた。本物の日本酪農民直系の二世という匙（さじ）をくわえて誕生してきた乳児だった。長じて札幌農学校農芸伝習科（後の三年制実科）に入学、卒業後直ちに渡米する。当時二五歳。

ただ渡米前に当時白石村に開設した宇都宮仙太郎の農場に立ち寄り、宇都宮と北海道酪農の将来を語り合い米国での実習先としてウィスコンシン州が最適だと勧められている。

敬貴は、当時の日本人としては群を抜く体格であったようだ。八六歳で亡くなったときの身長が一七二㌢、体重八五㌔というから、青壮年期の体格を想像すると堂々たる偉丈夫（いじょうふ）といった感じ、だから米国においても体格・風貌で劣等感を抱くことはなかっただろう。それは敬貴の米国における事跡をたどればよく分かる。

敬貴は渡米後、まず幾つかの農場実習の後、最終的にウィスコンシン州のラスト牧場に落ち着く。この牧場の牛種はホルスタインのみ。ドイツ系移民兄弟の弟の方の牧場で朝夕乳牛約五〇頭の世話をする。ミルカーもトラクターもない時代のことだから、体力、それも並優れた体力がなければ続くものではない。

そこで一〇年間働く。一〇年間というと、もはや実習期間とはいえず完全に地域居住者としての生活になる。敬貴はその間ウィスコンシン州立農科大学酪農科を卒業し、名実ともに独立した酪農家としての存在になった。

敬貴はラスト家の夫妻にすっかり気に入られて、娘と結婚してラスト農場を継いでほしいと迫られる。そうなると敬貴は札幌が恋しくなるし、札幌の父金弥はそいつはご勘弁願いたいと急きょ帰国させ、志津子夫人と婚礼を挙げることになった。敬貴の帰国はまさにその後の日本酪農にとって重要な転機になったといえよう。

敬貴の滞米一〇年間は、英語力、友人関係、欧米社会でのビジネスセンスなどの生活感覚を養うには十分な期間だった。明治期には多くの日本人が海外に留学したが、これほど長期間の人はそういない。この時期で長期間の外国生活を送った人と言えば、同志社大学創立者の新島襄が維新前から一一年、明治期を代表する国際人新渡戸稲造が維新後五年といったところか。他は長くてせいぜい三年くらい。だから敬貴は当時として第一級の国際人だったと考えてよい。

帰国後、敬貴の日本酪農界における活躍の扉を開いたのは宇都宮仙太郎だった。すなわち宇都宮と敬貴は、ウィスコンシン州のラスト牧場を拠点に米国内を旅し、一九〇六（明治三九）年に五十余頭のホルスタインの優秀な種牛を買い付け帰国する。このことがホルスタイン牛をして乳用種牛として最も能力が優れている牛種だという評価を日本に定着させる先駆けとなった。

そしてこれを契機として、日本全国の牧場主たちが踵（きびす）を接して敬貴の下を訪ね、種牛の選択とあっせんを依頼する。敬貴は、その期待に応え米国各地から血統が明確で優れた種牛を良心的にあっせんしたから、日本の牧場主たちからも、また米国のブリーダーたちからも信頼される存在となった。

敬貴は一九一六（大正五）年になって本格的に帰国し札幌市郊外の石狩町樽川に「町村農場」を開設する。この当時北海道の酪農環境は、既に明治以来の米国式の粗放大規模酪農から、宇都宮が主導した中規模酪農のデンマーク農法へ転換し、それが次第に主流になりつつあった。

その傾向の中で、敬貴は米国ウィスコンシン州帰りにもかかわらず、デンマーク農法によく順応して、新しく開設した町村農場でも「牛づくり、草づくり、人づくり」を自身の生活哲学とし、土地改良、乳牛改良に率先して行動した。そして町村農場を経営しながら、広い範囲にわたる人脈を通じて米国酪農界との交流を継続、数年おきに渡米しホルスタイン種牛輸入のあっせんに奔走した。また日本の酪農乳業界の種々の業界団体の役員を積極的に引き受け、揺籃（ようらん）期から成長期へと発展する過程に寄り添った行動をもって業界をリードした。

　現代のように人工授精がまだ開発されていない時代なのだから、種牛の獲得は牧場経営の成否を左右することであった。戦後の乳牛の能力開発のスピードは目を見張るものがあるが、昭和の年代に至るまで日本のホルスタインの血統のほぼ三分の二は、敬貴が手掛けた種牛の系統によるものであろうといわれている。

　さて現代の日本酪農を振り返ると、二〇一五（平成二七）年の実績で、生乳生産量は七四一万トン、乳牛（経産牛）頭数は八七万頭でその九九％はホルスタイン種。そして乳牛一頭・年当たりの平均産乳量は、北海道・都府県とも八、〇〇〇キロリットルを超えている。

　日本酪農の黎明期に、町村敬貴という当時の日本としてまことに稀有（けう）な国際人が、ホルスタイン種導入の先兵として活躍されたという事績が、現代の日本酪農の骨格をつくったのだと断言して過言ではない。

宇都宮仙太郎と出納陽一

出納農場

札幌駅からJR千歳線で一五、六分、上野幌という駅に着く。現在地は札幌市厚別区上野幌。そこに大正から昭和にかけて大分県出身の出納（すいとう）陽一が経営する出納農場があった。

この出納農場は、その後北海道製酪販売組合連合会（通称酪連）に譲渡され、現在は雪印メグミルクの子会社雪印種苗の本社になっている。この敷地内に「酪連発祥の地」を記念する記念碑や出納一家が居住していた頃の旧邸宅、製酪工場跡などの遺構が残されている。

この出納農場の遺構がなぜこのような形で残されているのかについては後で触れることにして、取りあえず出納農場の成り立ちにさかのぼろう。

経営者の出納陽一は一八八九（明治二二）年九月、九州は大分県南海部郡上野村上小倉（現佐伯市上小倉）に生まれた。生家は江戸時代から代々大庄屋として続いてきた旧家であった。彼が北海道と関わることになったのは、一九一三（大正二）年札幌農科大学畜産科（現北海道大学農学部）への入学からである。

彼が九州という遠隔地から札幌まで来て畜産を学ぼうと志した動機はよく分からない。明治期においては、酪農という分野は新しい文明開化の香りのする産業分野であったから、ことによると彼は大分県における酪農の先駆けならんと志していたのかもしれない。

彼はクリスチャンであった。農科大学在学中に札幌で開設されたキリスト教教会では最も古い教会の一つ、聖公会系札幌基督教会のローランド牧師と知り合い、信仰を深めたことがその後の彼の人生に強い影響を与えた。

さらに出納陽一にとって重要な転機は、この教会で北海道酪農の父といわれ、札幌郊外の白石村で酪農業を大きく営んでいた、同じくクリスチャンの宇都宮仙太郎の知己を得たことであった。さらにこの両人は単なる知己を越え、陽一は宇都宮の次女琴子と結婚し、岳父と娘婿という姻戚関係になった。この義理の父子の北海道酪農発展への貢献は、まことにフロントランナーたちという名にふさわしいものがある。まず簡潔に宇都宮仙太郎のことに触れることにする。

宇都宮仙太郎

彼は一八六六(慶応二)年に大分県下毛郡大幡村(現中津市大幡)の養蚕農家に生まれた。

こう聞くと出納と宇都宮の札幌での出会いは、大分県の同郷同士の呼び寄せではないかと考えられがちだが、そういう郷里でのつながりはなさそうで、むしろ札幌の教会で「おやなつかしい、豊後弁でしゃべりよる男がおるのう」ということから心が通じ合ったのではなかろうか。

宇都宮が札幌に来るまでのいきさつだが、彼は明治時代の向学心に燃えた若者の一人として一八八二（明治一五）年、一六歳で上京し神田共立学校に入学する。この学校は当時、東京大学に入るための予備校のような存在で、特に英語の学習に力を入れていて、明治政府の文明開化政策実行のための人材育成校だった。初代校長は後の日銀総裁、大蔵大臣、内閣総理大臣になった高橋是清だった。

宇都宮の一年下には、四国松山から上京してきた正岡子規とその同級生で司馬遼太郎の『坂之上の雲』で主人公になった秋山真之がいた。ちなみにこの共立学校はその後校名を開成学校と変え、神田から日暮里に移転して今も健在で、東大受験校として名声を維持している。

そういう勉学環境だから、宇都宮が共立学校から東大に進学し、明治政府の官僚を志したとしても、三井・三菱などの経済界に身を投じたとしても、それなりに歴史に名を残すような仕事をしたに違いない。

しかし宇都宮は、その道を選ばず東京を後にして、北海道札幌の地エドウィン・ダンが創設した真駒内の牧牛場を訪ねる。一八八五（明治一八）年、一九歳のときだ。

この一事を見ても明治一〇年代における酪農という仕事に対する社会の認識がうかがえる。当時の日本にとって酪農とは、ほんの一〇年ほど前に米国から導入された新しい産業だった。現代に置き換えると、宇都宮の行動は第二次大戦後の半導体ソニーの盛田昭夫とか人工衛星の糸川英夫に匹敵するような行動だったに違いない。

真駒内の牧牛場は、宇都宮が訪ねる二年前に北海道開拓使という役所が解散してしまっていたために、指導者として雇われていたエドウィン・ダンは、いったん米国に帰国してしまっていて、ダンの一番弟子だった町村金弥が場長をしていた。そこで彼は、町村場長に酪農の勉強をしたいので一牧夫として働かせてくれと頼む。

ところがその頃の宇都宮は痩せて貧弱な体格だったらしく、町村が見たところとても牧夫としての重労働に耐えられそうもないと思われたのだろう、一言で「ダメだね」と断られてしまう。そこで宇都宮青年すごすご帰るかと思いきや、牧場入り口の門前に座り込んで採用されるまで動かんと腰を下ろしてしまった。それを町村の奥さんが見て「なんとかしてあげましょうよ」ということになって、真駒内牧牛場牧夫見習いとして働き始めることになったという。

彼は真駒内で二年間だけ牧夫として働き酪農の基礎を身に付け、一八八七（明治二〇）年に本格的に酪農を勉強したいと志して渡米する。本場シアトルのデヴィス農場、イリノイのガラー農場などで牧夫としての実地研修。さらにウィスコンシン大学付属農場でも牧夫として働きながら、酪農技術の講習に参加して乳脂肪分析などの試験法なども身に付けた。

足掛け三年になる滞米生活を終えて日本に帰ることになったが、そのきっかけは町村金弥から、帰ってきて「華族組合農場雨竜牧場」の立ち上げを手伝えと要請されたからであった。

この牧場は明治初年からの酪農ブーム、といっても実は実際の牛乳消費を伴わない空ブームだったのだが、それに便乗して地権が明確でない北海道の土地の切り取りのためにつくられたような牧場で、名義上の経営者は三条実美公爵、蜂須賀茂韶侯爵、菊水脩季侯爵の三人だった。

この種の牧場経営形態はエドウィン・ダンが導入した米国式大規模牧場経営の最後の頃のもので、多くの不慣れな牧夫たちを雇用しなければならず、江戸時代からの集約的小作農業に慣れた日本人農夫にとってやりづらいものだった。結局この雨竜牧場は創業一年にして解散となる。

宇都宮はそのまま札幌に居つき、最終的に札幌郊外白石村上白石（現札幌市白石区菊水）に二二〇ヘクタルほどの宇都宮牧場を開設する。一九〇二（明治三五）年、宇都宮仙太郎三六歳のことだった。

この宇都宮牧場こそが、いまや日本の総原料乳生産量のほぼ五〇％超を産出する北海道酪農の基点になった牧場ともいえ、また宇都宮仙太郎が単なる一牧場主ではなく北海道酪農の父と呼ばれる実績を積み上げていく出発点になった牧場になった。

黒澤酉蔵、後日宇都宮の右腕として北海道酪農の経営モデルを確立する卓越したプロデューサーとなる男が北海道に来て、宇都宮牧場の一牧夫として酪農修行を始めるのはそれから三年後のことになる。

この北海道酪農の二〇世紀初頭の時期とは、明治初期の異文化導入期を経てその実験場となった北海道で、自らが研さんした酪農技術を身に付けた人々による、地に着いた本物の日本的な酪農経営の在り方が模索され始めた時期であった。

出納陽一、デンマークへ

一方、出納陽一は無事に札幌農科大学を卒業し、最初の就職先は東京巣鴨にあった愛光舎であった。この時期の東京の乳業事情は、一九〇〇（明治三三）年に「牛乳営業取締規則」の抜本改正があり、牛乳の適正な殺菌瓶装が義務付けられ、もはや手工業的な操業では営業していけなくなり、搾乳業者の合併による規模拡大と近代化が進められた時期であった。

その中で愛光舎は、経営者の角倉賀道によって市乳事業だけでなく、ホルスタイン種牛の輸入と飼養拡大に注力した企業として東京で第一人者の地位にあった。明治後期において神奈川県一帯にブリーダーとしてほぼ八〇〇頭のホルスタイン牛を擁していたという。

だが、出納は愛光舎での勤務を二年で切り上げ札幌に戻る。理由は宇都宮仙太郎の次女琴子と結婚するためであった。要するに出納の北大在学中に示した俊才さ、教会活動を通じての誠実さなどが、同じ大分出身の宇都宮夫妻のお眼鏡にかなっての結婚であった。だから宇都宮家にとって後継ぎとしての長男はいたけれど、宇都宮の夢をかなえるためにいい婿をもらったということだろう。

この婿探しには伏線がある。というのは一九〇六（明治三九）年に宇都宮は、ホルスタイン種牛を買い付けに渡米する。そして十数年前に留学したウィスコンシン大学のヘンリー教授を訪ねた。教授は当時大学の学長で、ちょうど定年退官に当たっての最終講演会という場に宇都宮が立ち会うことになった。その講演で宇都宮は、ヘンリー学長からこのままではアメリカの酪農は衰退する。営農規模は小さくても科学的な基盤の下に営農しているデンマーク酪農を見習えという主張を聞くのであった。すなわち典型的な米国方式は、大規模牧場での粗放な放牧で、牧草は自然の回復力に任せるという営農方式だから、これを日本的田畑概念で土地を細分化し、そこに多頭飼育の乳牛を投入し、さらに草地育成はしないとなると、たちまち牧草地が荒れてしまう。事実、当時北海道に限らないかもしれないが、日本の多くの酪農家たちは狭い牧場での貧栄養飼養に苦しんでいた。

先に、「華族組合農場雨竜牧場」が立ち行かなくなった話を書いたが、北海道でもエドウィン・ダンたちに指導された米国式大規模牧場経営が次第に行き詰ってきていて、宇都宮はこれを何とかしなければと思っていたところに、恩師からデンマーク酪農こそが未来を照らす光だ、と聞かされたものだから彼にとってこれは一種の天啓のごとく受け取ったに違いない。

宇都宮はこのときホルスタイン種牛五〇頭を連れて帰国するのだが、それ以来北海道酪農の在り方をデンマーク酪農へ転換する道筋をいかにつけるかを模索することになる。

宇都宮は時の北海道庁長官宮尾舜治を説き伏せ、三人の道庁職員をデンマーク酪農調査のために出張させる。さらに宮尾長官は、模範となる酪農法を見せなきゃならんといって、デンマークからラーセン一家とフェンガー一家、ドイツからコッホ一家とグラバウ一家の酪農家四家族を招聘（しょうへい）し実地に農地改良の技術を公開させた。

宇都宮は、そのような北海道庁の政策と連動し、自らの右腕としてまた酪農改革の先兵として見込んだ娘婿出納を、夫妻ともどもデンマークに派遣する。宇都宮がウィスコンシンでヘンリー学長からデンマーク酪農の再認識を強調されてから、一五年後の一九二一（大正一〇）年のことだった。

道庁職員やデンマークに調査のために出張した他の民間人たちは、それぞれ短期間の滞在で帰国するのだが、出納夫妻はデンマーク農業、その生活哲学の「三愛主義」、それらを習得する「フォルケ・ホイスコーレ」のシステムなどを学ぶために二年間滞在し一九二三（大正一二）年に帰国した。

デンマーク酪農

出納夫妻が帰国して、彼を講師とするデンマーク農業の講習会が一週間にわたって札幌の北海道議会議事堂で開催された。主催は北海道にデンマーク農業を根付かせることを目的として結成された「北海道畜牛研究会（会長・宇都宮仙太郎）」である。この講義録が『丁抹（デンマーク）の農業』（一九二四（大正一三）年）というタイトルで刊行された。全て出納陽一の微に入り細にわたるデンマーク酪農法の研究報告書である。

その行動にさらに拍車を掛けるのが、「北海道第二期拓殖計画」のスタートであった。計画の骨子は酪農家一戸当たりの搾乳牛は二、三〇頭程度で、牧野に牛糞堆肥を施し土地を肥沃（ひよく）化し、牧草の質を向上させて乳量の増産を図るということで、このスタートが一九一七（大正六）年のことだ。

さらに北海道庁はじめ北海道酪農開拓の先駆者だった町村敬貴、宇都宮仙太郎、黒澤酉蔵などのバックアップによって、百聞は一見にしかずということで、前述のようにデンマークとドイツからそれぞれ二家族ずつを招聘、北海道に居住させデンマーク農業の実践を公開したのである。

このデンマーク農業の思想と技術の日本への導入が、その後の北海道酪農や日本酪農にどのように影響したかをかいつまんで振り返ることにしよう。

デンマーク農業を農民たちに浸透させるための教育システムに「フォルケ・ホイスコーレ」というシステムがある。「国民高等学校」と直訳されている。この学校は戦後しばらく残っていた地域の青年学校に似た社会教育の機能を果たす場だと考えた方が近い。

宇都宮は「フォルケ・ホイスコーレ」の酪農版として、黒澤酉蔵と語らって「酪農義塾」という私塾を開設した。これは戦後学校法人「酪農学園」に改組され、酪農学園大学や付属高校に発展する。

この「フォルケ・ホイスコーレ」の精神的基盤になっている理念は「三愛主義」と呼ばれている、「神を愛し、人を愛し、土を愛する」という生活信条である。キリスト教系の学校、福祉団体の理念に取り入れられている場合が多い。酪農学園系列の「とわの森三愛高等学校」は学校名に三愛を掲げているし、また「三愛主義」の信条の下に、デンマーク農法を実践しながら集団生活をしているグループもある。

デンマーク農業の本質は、小農主義で生産性の高い土づくりを重視することを基本にしている農法

出納陽一のデンマーク式住宅

だから、先に述べたようにアメリカ式大規模放牧に行き詰っていた北海道酪農にとって救世主のように迎えられた。その思想を宇都宮の片腕の黒沢酉蔵は「健土健民」というスローガンに言い換えた。北海道の土地は寒冷地のために、ほとんどが泥炭地または火山灰地の酸性度の高い低品位の土地であったから、科学的な計算の基に行われる石灰投入による土地改良や、牛糞尿や化学肥料の投入などによる肥培などは有効であった。従ってこの「健土健民」という言葉は、現代でも酪農家の基本理念として根強く支持されている。そして戦後の酪農振興法に準拠する戦後入植者への営農指導にもこの思想が基盤になっている。

出納は上野幌に自分の牧場を開設し、そこにデンマーク式の独特の屋根を持つ三階建ての邸宅を建設した。その一階が乳加工場でバターと日本で初めてのデンマーク系ハードチーズをつくっていた。二階が家族居住、三階は全北海道からデンマーク農法を勉強に来た実習生が寝泊りしたという。

また「三愛主義」の提唱者のデンマーク人グルンドヴィの思想には、農民組合による互助システムの有効性が説かれていた。この考え方は初代会長が宇都宮の北海道製酪販売組合連合会（通称酪連）

の結成に反映される。これも明らかにデンマーク型農民組合の変形だと考えられる。

上野幌の出納農場の牧舎は、一九二五（大正一四）年に酪連発足と同時に酪連に譲渡され、酪連の札幌工場が完成するまで工場として利用される。しかし牧場は宇都宮と共同経営の形で「宇納牧場」と名前を改め、実際の牧場経営は宇都宮家の長男に任せ、出納はもっぱらコンサルタント的な啓蒙（けいもう）活動に従事した。

岳父宇都宮仙太郎は一九三四（昭和九）年に脳血管障害で倒れ、しばらく身体不随のまま療養するが、一九四〇（昭和一五）年、すなわち太平洋戦争開戦の前年に七五歳にて永眠。宇納牧場は長男の宇都宮勤が継ぐ。

この当時、満蒙開拓が国策として進められていて、多くの日本人開拓団が現・中国東北部に送られた。その中に満州を酪農生産地として活用しようとする計画があり、出納は満州拓殖公社参与という資格で満州の酪農開拓を目的として渡満する。

しかし終戦を迎え、出納は終戦後一年たった一九四六（昭和二一）年に引き揚げてくる。しかし出納は再び酪農経営の世界に戻ることなく、岳父が黒澤酉蔵と共に創設した酪農学園で教壇に立ち、終生自身の生活信条であった「三愛主義」「グルンドヴィの思想」を学生たちに説く余生であった。

出納陽一は、一九七六（昭和五一）年、享年七八歳にて天に召された。

現在日本の原料乳総生産量の五〇％超を占める北海道酪農の発展過程を振り返ると、第一ステップは、北海道開拓使の主導の下エドウィン・ダンらによって導入された、酪農という生業を北海道の地に定着させたということ。

そして第二ステップが、粗放的な米国式の酪農から土づくりを基本とするデンマーク型酪農へ転換するという過程で、この転換が酪農という生業を現代的な営農形態として定着させ、現代の北海道酪農の原点になったということを銘記する必要がある。

その転換の芽生えは、宇都宮仙太郎がウィスコンシン大学で聞いたヘンリー学長のデンマーク農業に学べという講演。そしてそれを具体化したのが娘婿に迎えた同郷の出納陽一という俊才。いずれも敬虔（けいけん）なクリスチャンで「神を愛し、人を愛し、土を愛する」ことを生活の信条にして誠実な人生を送った人々だった。

もし現代、第三ステップというべき酪農様式の変換があるとすれば、それは多分メガファームと呼ばれている新しい大規模酪農形態かもしれない。しかしこの酪農形態が五〇年後、一〇〇年後に、果たしてフロントランナーとして歴史の評価を受け得る新しい芽として評価されるか否かは歴史の審判に委ねるしかないのだろうか。

古武士の風格、佐藤貢

青年、佐藤貢

かつて一世を風靡（ふうび）した評論家に大宅壮一という人がいた。戦後の学制改革で県ごとに設立された新制大学を、「駅弁大学」という一言で片付けた男だった。大宅がある週刊誌の企画で当時の雪印乳業会長だった佐藤貢と対談をしたことがある。そして対談後の寸評で「彼には、あたかも古武士のごとき風格がある」と評した。

私は佐藤が現役を退いて同社相談役のポストにあった時期にお供して米国に旅行したことがある。まだ私が新米の課長あたりをうろついていた頃だった。ところが、旅行中夕飯を食べながらの話が面白い。ワインをグラスで一杯くらいをゆっくり飲みながら若いころの武勇伝をお話しになる。紹介しよう。

オハイオ州立大学農学部に留学中の話。二一歳ごろのことだ。

佐藤は、大学の記念祭のアトラクションで日本柔道の型を見せてくれと頼まれ、たまたま同じ大学に留学していた日本人学生と組んで、ヤーヤーッと投げて見せた。

「これがねぇ、ジャパニーズ・ジュードーということで、あっという間に評判になってしまった。今度はオハイオ州の農業祭のアトラクションでもやってみせろ、と引っ張りだこになってしまってね」

と楽しそうだ。「それで、どうなったんですか」と水を向けると、

「今度はね、水兵上がりのレスリングの選手とやってみせろとくる。こっちは乗りかけた船だから、よしこい！　となる。後ろから抱きついてきた奴を、ちょっと腰を落として背負い投げを打ったら、向こうは勝手にもんどりうって転がってくれた」

「そうしたら、もう一人のレスリング男がやってきて、こいつはワシの腕をグッとつかむから、その手を引きざま、ちょんと足払いをかけたら、その大男もでんぐり返ってくれた。いやぁ、面白かったな」

「観客は、こんな小男が六尺豊かな大男たちを転がすもんだからヤンヤの喝采だ」

次の夜はまた別な話だ。

「君、エルパソという町を知ってるかね？　テキサス州の端の方にある町だ。オハイオ大学の留学が終わって、さて日本に帰ろうかというとき回り道して帰ろうと思ったんだ」

「そこでねぇ、間一髪で命拾いしたんだよ」と続く。

「エルパソに来てみたら、メキシコがつい鼻の先だろう。ちょっとメキシコをのぞいてみようと思ったのが間違いの元。パスポートは持ってなかったんだが、ほんの数時間の入国なら要らんでしょうと言われてね。行ったんだ」

佐藤青年、災いが起きるとは夢にも思わず、メキシコ領の町に入ってぶらぶらする。なにやら呰

（とりで）らしき建物があるので、写真でも撮ろうかとのこのことその中に入った。

そこで、いきなり兵士らしいメキシコ人が銃を突き付けてきた。

「銃口がワシの脇腹にぴったりあてがわれて、見れば指は引き金にかかっている。兵士の目は血走っていてワシをにらみつけている」

「こりゃ、いかん。このまま、こんなところで撃たれて命をなくすなんて…」

「そこで、ワシはひょいと銃口をかわし、脇腹に銃身を抱え込んで、ともかく弾が当たらないようにした。兵隊は何やらわめきながら銃を取り返そうとする。こっちは持っていかれたら命はないと思うから必死で銃をつかんでいる」、というもみ合いを何分やったか？

「そこへ、傍らの兵舎みたいな建物から将校らしい男が飛び出してきて、これまた何やらわめく」

「ワシは日本人だ、メキシコ見学に来ただけだ。何とかしてくれ」と英語で叫んだが、これが全く通じない。

考えてみると、国境の町といっても相互に行き来が制限されているのだから、互いに言葉が通じないのも無理はない。日本と韓国は隣国同士だが、仮に一人の男が日本のどこかで「ワシは韓国人じゃ」と韓国語で叫んだとしてもそれが通じるかどうかは疑わしい。

さらにこの地域は、わずか五〇年ほど前に米国とメキシコの間で国境線を巡る戦争があった地域だった。佐藤青年はそういういわくつきの土地に無邪気に入国してしまったわけだ。

それで結末は、その将校らしき男、兵士に何か命令して銃は引かれ「いやー、あの時はいま思い出しても冷や汗ものだった」ということになった。

現代でも、米国とメキシコの国境にはいろいろな問題を抱えているのは周知の通り。佐藤青年はその現場から、国境検問所に戻ったものの再入国でまた一もめしたり、いかにも二〇世紀初頭の国境の町に起こりそうな騒動に巻き込まれながら一路日本への帰国の道をたどる。

「いや、後で考えると面白い経験だったが、そのときは本当に怖かったぞ」といった話を毎晩のように聞かせてもらった。二週間ほどの旅であったが、実に至福の時間を過ごしたと思っている。

開拓者、佐藤貢

明治以降の日本の酪農乳業の発展過程を見ると、おおまかに三方向の道をたどっている。

第一の道は、まず都市近郊の搾乳業による牛乳搾取販売からスタートする。いわゆる横浜居留地の外人向け、前田留吉、阪川當晴らによる東京牛乳搾取組合の結成、エドウィン・ダンらの指導による北海道酪農の発祥などの草創期。これが明治初年から幾つかの転換点を経て戦後の大量集乳・大量処理の市乳工業に発展するというパターンが一つ。

第二の道としては日本独特の展開なのだが、市乳製造に際して発生する残乳処理のための煉乳製造が始まって、以後真空釜の発明、乳糖結晶などの品質問題をクリアして、煉乳工業が乳幼児向け栄養食品および製菓原料の供給へと発展し、さらに粉乳、育児用調製粉乳生産へ展開していくパターンである。

そして三番目の道が搾乳からバター、チーズをつくるという古代からの酪農の原型を、近代的な技術で工業化していくパターンだった。

この第三のパターンは、第二パターンの搾乳量が全て煉乳製造に回された場合、輸入煉乳の価格や砂糖価格の変動によって煉乳製造の採算性が影響され、それに原料乳価格が左右されて、そのしわ寄せが酪農民に支払う乳価の値下げに反映されることが多かったので、煉乳生産量の多かった北海道の酪農民たちが協同組合を設立し、煉乳以外の乳製品を生産しようという意図の下でスタートした。

文明開化以降の日本における酪農・乳業の導入の当初は、生産と消費とのアンバランスがあり、必然的にその後の過程は欧米の酪農形式とは異なった前記の第一、第二の道をたどらざるを得なかった。

しかし三番目の主として北海道で発展した道は、英語デーリィ（Ｄａｉｒｙ）と呼ばれる酪農先進国がたどった古い歴史のある生業の形を模したものであった。乳牛を飼い、繁殖させ、搾乳し、それを飲むだけではなく、それからバターをつくり、チーズをつくるという乳加工としては最も伝統的な経営形態である。

ちなみにこのデーリィという英語を日本では「酪農乳業」と翻訳する。すなわち「酪農」とは搾乳する酪農民の仕事、「乳業」とはそれを加工する企業の仕事と分けて認識して、搾乳から加工までの産業形態をデーリィに相当する一つの単語で捉えていないのが日本的な独自性である。この考え方は、搾乳から直ちに煉乳製造という、企業による設備投資が必要な乳製品に結び付けなければならなかった明治期の乳産業の構造によってもたらされたものだった。

従ってバター・チーズ生産を優先する欧米型のデーリィ型酪農を成立させるためには、煉乳をつくらなくても第三の道が日本でも成立するという見通しがなければ先に進めない道でもあった。

日本においてこの道筋を、専業者としてかつ工業的なセンスで創業した最初の人が佐藤貢であった。もちろん、明治初年から試作のレベルではバターもチーズもつくられていた記録はある。特に市乳、煉乳製造の傍らバターをつくって販売していた形跡も残っている。しかしそれらのバターは、たとえば不良乳が出たときの救済としてとか、残乳処理の副産物としてというような扱いであったようだ。

ただそれまで欧米型のデーリィを目指した人がいなかったわけではない。たとえば一八八九（明治二二）年に群馬県の山間地にジャージー種やエアシャー種の牧場を立ち上げた神津邦太郎がその人で、多分日本で初めてバターの生産販売を目的として事業をスタートさせた人だと言って過言ではない。しかし残念なことに事業の拡大に実績が伴わずに明治末期に事業を畳んでしまう。

そのような意味で、搾乳した牛乳からバターをつくるという目的のために、機械装置をそろえ、品質管理に心を砕き、パッケージデザインを考案し、宣伝広告を掲げ、流通（問屋筋）を整備して、生産販売を始めた中心人物が佐藤貢だったということは、換言すれば佐藤貢が初めて日本でデーリィと

バター製造棟前の佐藤貢（右）

いう仕事を生業として成立させた人だと言えるだろう。

もちろんその一貫した仕事の流れが全て佐藤貢一人の力だというわけではない。近くには組合長の宇都宮仙太郎という先輩、同志ともいうべき専務の黒澤酉蔵という天才的なプロデューサーがいたからこそ、一連のシステムがつくられたのは確かだ。しかしバターをつくるという結果を求められる仕事だけに佐藤貢のキャリアがなければ、北海道バターは誕生し得なかったといって過言ではない。

このあたりの歴史的記録は、雪印関係の社史や既刊の書籍に多く公開されているので省略する。

ただ佐藤貢とバターについて特記すべきことを一つ挙げるならば、それは一九三一（昭和六）年に中国の上海、香港に北海道バターを輸出、さらに一九三六（昭和一一）年にはロンドンにも輸出していることだ。このバター輸出を実行するには幾つかの内在的な理由はあったが、いずれもサンプル輸出した上で品質的に欧米産のバターと遜色ないと確認した上だったから、現代的に見直してみればサッカーのワールドカップのひのき舞台に登場したことに匹敵する快挙だったと言える。

現代、多国間の経済協定が締結されて、日本農業の産品の輸出促進が急がれているが、数十年前に既にそのようなトライアルを行っていたことは注目していい。

次に佐藤貢が、バター以外に日本の食品工業界に残した足跡のうち、無視できないものを幾つか簡潔に挙げることにしよう。

経営者、佐藤貢

その一つは、牛乳からクリームを分離した後の脱脂乳の行き先だが、欧米ではこれを子牛の飼料、発酵脱脂乳として飲用、さらにカゼインタンパクを酸抽出してカゼイン糊、洋服のボタン製造の原料などに加工する。

雪印の酸カゼインは、第二次大戦中の木造航空機製造の合板接着剤として活用されたが、終戦後は軍用需要はなくなり、ときの食糧難によって原料脱脂乳は脱脂煉乳、脱脂粉乳製造に向けられ、一九七五（昭和五〇）年に製菓・アイスクリーム原料目的の脱脂煉乳の製造をスタートさせる。

第二に、良質のアイスクリームの工業的製造を開始したこと。アイスクリームそのものは明治初年から大都市の洋菓子店がハンドメードで製造・販売していたが、工業的には大正末期（一九二四（大正一三）年ごろ）に明治乳業（現・明治）の前身の極東煉乳がバッチ式フリーザーを購入して、工場生産を始める。

佐藤貢は留学中アイスクリーム製造の経験があり、米国での正統的なアイスクリームとは、フレッシュクリームを配合したものでなければならないと信じていたから、極東煉乳に遅れること四年ほどだが一九二八（昭和三）年に札幌工場でアイスクリームの量産を始める。

乳処理業を表現する英語に、デーリィのほかにクリマリー（ｃｒｅａｍｅｒｙ）という言葉がある。デーリィの方は「搾乳する」という動作が字義に含まれるようだが、クリマリーの方はむしろクリームから出発してバター、はっ酵乳、アイスクリームをつくる場所という意味が強い。米国の州立大学には必ず農学部があり、そのクリマリー直売所では大学自慢のアイスクリームが有名というところが多い。佐藤貢がまずバター、そして次にアイスクリームと展開していったのには、そのようなオハイオでの経験が色濃く投影されている。

生クリームを札幌から東京、大阪へと国鉄（現・ＪＲ）貨車を利用して冷蔵輸送することに成功すると、雪印のアイスクリーム製造は、東京品川工場、大阪歌島工場へと拡散する。そして首都圏や大都市で森永、明治、雪印三社の家庭用アイスクリームの販売合戦が始まる。

第三に挙げたいのが、マーガリン製造への参入である。

バターづくりが何で競合するマーガリンをといぶかる向きもあろう。だがそれは現在の、バターと見間違うような優れた品質のマーガリンに慣れているからのこと。大正末期から昭和初期にかけて日本国内で販売されていたマーガリンの品質は極めて粗雑なものであった。そして商品名もマーガリンではなく「人造バター」と呼称されていた。中には「人造」の活字を小さく「バター」を大きく印刷したパッケージもあったという。

これには国も頭を悩ませていた。というのは、バターは農林省（現農林水産省）の所管、マーガリンは商工省（現経済産業省）の所管で、それぞれの業界の利害を背負っていたので、表示や商品名に関する通達は出されても誰も守らないという野放しの状態が続いていた。

周りからは強い反対の意見が出されたらしいが、佐藤貢は良質なマーガリンをつくることで粗悪な人造バターを駆逐しようと志した。こういうところはいかにも剛直で、大宅壮一ではないが「古武士の風格」らしい。

雪印マーガリン第一号は、一九三九（昭和一四）年に発売された。この時の品質は動物性脂肪・植物性脂肪の混合にバターを加えた設計で、現代の分類では「コンパウンドバター」に当たる。その後戦時中の原料の供給不足からバターの配合は中止し植物性脂肪を主原料とする配合に変わっていったが、植物性脂肪に限定する配合で良質のマーガリンを提供する方針は持ち続けられ、現代の「ネオソフト」というテーブルマーガリンへつながっていく。人造バターという表示が法的に禁止されたのは一九五四（昭和二九）年になってからであった。

振り返ってみると佐藤貢は一九二〇年代に札幌で酪連を創立し、戦中戦後の幾多の試練を経て戦後の新しいビジネスが始まったかと思ったら、会社が集中排除法により分割されそして再び統合された雪印という食品企業の代表取締役社長として経営の舵取りをする立場になった。

米国の経営学者J・コリンズは、優良会社に共通する事象として「基本理念がしっかりしていること」、そして基本理念とは、「われわれが何者で、なんのために存在し、何をやっているのかを示すもの」、それが企業の組織の土台になりその理念が継続して伝承されることが重要だという（J・コリンズ／J・ポラス著、山岡洋一訳『ビジョナリーカンパニー』日経BP出版センター）。社長としての佐藤の脳裏によぎる雪印という企業の一貫した基本理念とはいかなるものであっただろうか。

それは多分、「健土健民」という酪農経営の本質を最も濃厚に語るスローガンではなかったかと推測する。この言葉は一九二五（大正一四）年の北海道製酪販売組合の創業の理念ともいうべきもので、そのよりどころは組合長だった宇都宮仙太郎が提唱し、かつ先頭に立って北海道酪農の転換のモデルにしたデンマーク酪農を一言で表現するスローガンだったからだ。

このスローガンは、明治以降の北海道における寒地酪農の望ましい経営形態と、そこから生じる牛乳の適切な加工と流通という世界では有効に成立した。しかし雪印が一九五四（昭和二九）年に関東地域で市乳の生産販売に進出し、かつ順次本州市場における存在感を高めるに従って、「健土健民」

的な理念を継続するには、本州の酪農経営の形態があまりにも北海道のそれと違い過ぎていたのではないかという感がある。

さらに一九六六（昭和四一）年に施行された「加工原料乳生産者補給金等暫定措置法（不足払い制度）」で、酪農者と乳業者の機能が明確に分離され、かつ百円牛乳に象徴される市場での商品価値の下落は、酪農者乳業者の共通の理念を持ち難くなって、両者ともに哲学より効率という方向に向かっていかざるを得なくなったように感じる。

そのような本来統一的でなければならない酪農乳業の経営理念が次第に変化していく流れの中で、佐藤貢は技術者として経営に関与してきたそのキャリアを汚す痛恨の事件に向き合わなければならなかった。それは一九五五（昭和三〇）年に発生した、東京都区内の小学校で発生した雪印乳業八雲工場製の脱脂粉乳による集団食中毒事件だった。この事件は佐藤貢が会社分割によって新しく誕生した雪印乳業の社長に就任して五年目に発生した。

食品に限らず自然災害が原因でない限り、事故の本質的な原因は集団か個人かの別はあるが、そのほとんどは、当事者の無知か科学的洞察力の欠如に帰せられるものである。

佐藤貢は、この食中毒事故に直面して「全社員に告ぐ」という社長訓示を自ら起草し、全社員に配布した。全文が公開されているのであえてここで再録しないが、彼の創業の精神とは相いれない事故であり、その最高責任者であったことへの自戒がにじみ出ている。

佐藤貢は一九六三（昭和三八）年雪印乳業の社長を退き、会長、相談役を歴任、経営の第一線から引退された後も、いろいろな公的な役職を全うし、一九九九（平成一一）年九月二九日すなわち二〇世紀の最後の年に死去、享年一〇一歳の天寿であった。日本の酪農乳業界の極めて重要な一時代を駆け抜けた一人だった。

乳酸菌王国日本の礎

明治以降日本の乳・乳製品の消費は、健康と体位向上という政府主導の大掛かりな消費キャンペーンに支えられてきた。食肉業界もこれと同様のバックアップを受けてきたのだが、肉食のほうは健康や体位向上よりももっぱらおいしさ、高級さにイメージの重点を置いて食卓における地位を保ってきた。それに引き換え乳・乳製品は、カルシウムをはじめとする「〇〇のため」というような、栄養素強調の食べ物という地位にとどまっているのが特徴ではなかろうか。

その典型が、乳酸菌の機能性をキャッチフレーズにした乳製品群であろう。このような風潮は、国が一九九一（平成三）年に「トクホ（特定保健用食品）」表示の認定を制定し、さらに二〇一五（平成二七）年制定の食品表示法で「機能性食品」の届け出制による表示が可能になると、乳酸菌の効能を強調した乳製品が市場を席巻するようになる。このような市場創造は、酪農先進国の欧米諸国には稀（まれ）にしか見られない現象で、このことによる消費市場の拡大は全く日本独自のものと言って過言ではない。

これは明治以降日本人の頭の中に纏綿（てんめん）と植え付けられてきた「乳は薬」「体にいいんだから」という潜在的な意識が、現代になって「免疫能が高まる」「内臓脂肪が減少する」「腸内環境が長寿の秘訣（ひけつ）」などという言葉に置き換えられているのだと見てよい。

どのようにしてこのような風潮が根付いたのか、そこには何人かのフロントランナーたちがいた。カルピスを開発した三島海雲、そしてヤクルトを開発した代田稔博士などがその先駆者と呼ばれるべき人々だった。

三島海雲のプロフィル

ここで三島海雲という人物像を、カルピスの開発と発売に至る鍵になる部分に焦点を当てて振り返ることにする。

三島は一八七八（明治一一）年大阪府の豊能郡萱野村（現・箕面市）の浄土真宗教学寺の長男として生まれた。一六歳で寺の後継ぎ教育のため西本願寺文学寮に入学する。ここで三島の生活哲学の根底にある浄土真宗の思想が育まれることになる。

三島はその後上京して仏教大学に入るが、ふとした紹介があって中国に渡航することになる。そのとき三島は二四歳。

彼は中国で種々の事業を立ち上げたが、そのほとんどが実務経験の乏しさにより失敗を繰り返す。その後、内モンゴルでの事業に進出し、モンゴルの貴族の館に寄留していたとき栄養のためにといって勧められた「ジョウヒ」というはっ酵乳のおいしさと効能に目を開かれる。このモンゴルの乳製品はクリームを乳酸菌で発酵させたクリームヨーグルトだからおいしいはずだ。この出会いがカルピス誕生の伏線になっている。このとき三島は三一歳になっている。

彼はそのような食経験を記憶に残しつつ中国生活を切り上げ、一九一五（大正四）年に故郷の大阪に戻ってくる。既に三七歳になっていた。

そこで彼は日本製のヨーグルトに接して、モンゴルで味わったジョウヒの方がはるかにおいしいと感じる。たまたま一九一七（大正六）年に広島のチチヤス乳業（現・チチヤス）が、日本で初めてヨーグルトを生産し阪神地区で発売したと記録されているから、三島が味わったのはチチヤス乳業のヨーグルトであった可能性が高い。

そこで三島は、ジョウヒを製造販売すれば必ずヨーグルトに勝る発酵乳飲料になると確信して、日本製ジョウヒのビジネスとしての立ち上げに奔走する。

三島という人は計画性よりも思い込みの強い傾向の人だったようで、ともかくジョウヒを「醍醐味（だいごみ）」なるネーミングで発売したのだが、途端に原料の生クリームの調達が間に合わず、品切れ状態が続き販売停止になってしまう。これが日本に帰ってきてからの最初の失敗だった。

カルピスの誕生

それでもめげずに、乳酸発酵の飲料のイメージを追い求め、ついに三島の名前を不朽にしたのが乳酸発酵飲料「カルピス」である。この飲料は原料調達が比較的容易な脱脂乳を原料にした。また日本では乳酸発酵飲料をモンゴルのように日配物としては売れないと見通し、「カルピス」を殺菌常温流通商品に仕立てた。この二点の着眼が「醍醐味」の失敗から学んだことであった。

「カルピス」の由来だが、「カル」はカルシウムのこと。「ピス」は仏教の経典に出てくる「醍醐」のサンスクリット「サルピルマンダ」から「カル・ピル」という案、もう一つは「熟酥（じゅくそ）」の「サルピス」から「カル・ピス」にする案に迷って、当時ドイツ留学から帰朝したばかりの作曲家の山田耕筰に相談に行く。そこで山田は即座に、語感が軽やかで洗練されているという理由で「カルピス」を推薦したというエピソードがある。

カルピスの発売は、一九一九（大正八）年七月七日。カルピスの前身ラクトー社からであった。国内最大手の食品問屋、国分商店が取り扱いを始めてから強固な地盤を築き、いまや発売一〇〇周年を超える長寿商品となる。これに相当する長寿食品は一九一三（大正二）年発売の森永製菓のミルクキャラメルくらいだろう。

その間、カルピスに追従して数多くの模倣品が発売されたが、いずれも順次敗退して市場から姿を消していく。なぜカルピスが独り勝ちしたのだろう?

その一つは、発売当初からの強力で卓越したマーケティング戦略にある。

ネーミングの「カルピス」、キャッチフレーズ「初恋の味」。そして清楚な感じで受け入れられた水玉模様のパッケージ。麦わら帽子の黒人の子どもをピンポイントに置いたアイキャッチャーなどの斬新さ。パッケージデザインは国際コンペという、当時としては画期的な募集方法によってヨーロッパから集まった作品から選んだ。

「カルピス」の消費者ターゲットを女性・子どもの飲料として設定し、栄養についてはカルシウム訴求だけで、あとは徹底的においしさを強調した。これは三島が中国に渡って以来、成功と失敗を繰り返した過程で天性的に磨かれてきたビジネス感覚のたまものであったと考えられる。

第二にカルピスの品質設計。乳酸発酵飲料のおいしさを決める最大の要因は、乳酸の酸味と砂糖の甘味のバランスだ。しかし常温流通という制約から糖濃度を勝手に決められない。最適の糖濃度にするためには乳酸菌の酸生成能力にかかってくる。カルピスの場合、かなり耐酸性のある乳酸菌が使用されていると類推する。モンゴルの乳酸飲料は一般的にかなり酸度が高いので、ことによると三島がモンゴルから帰朝した際に乳酸菌を持ち帰ったのかもしれない。またカルピス原液の乳酸発酵の際に酵母も併用していたということも知られているが、これもモンゴルの乳酸発酵乳ではよく見られる。

いずれにせよ、このような技術性とマーケティングのかみ合いによって、大正から昭和にかけてカルピス独り勝ちの販売が展開される。かくして三島は、一九二三（大正一二）年に社名を「カルピス製造株式会社」に改め、世界で初めての乳酸発酵飲料単体を生産販売する企業が誕生した。

カルピスは、日本独自の乳酸発酵飲料であるだけではなく、この飲料が存在したことによって、ヤクルトに代表される日本独自の生菌乳酸菌飲料の市場導入の素地ができ、現代のプロバイオティクス理論をベースとする乳酸菌の機能性を追求するマーケティングへの発展が可能になった。このことが三島海雲をして、日本の酪農乳業史上見逃せないフロントランナーの一人として位置付けている。

「シロタ株」

日本人が乳酸菌飲料の味に慣れたころ、これに新しい健康機能性を付与できる研究を始めた人がいた。

ヤクルト本社の創始者、代田稔博士である。

日本における乳酸菌研究の先駆者
代田稔

乳酸菌の保健機能について最初に発言したのは、有名なロシアの生理学者イリヤ・イリイチ・メチニコフ（一九一六（大正五）年没）であった。メチニコフはもともと免疫学者で一九〇八（明治四一）年にそれでノーベル生理学・医学賞も受賞しているが、晩年になって人間の老化と腸内細菌叢（そう）構成に着目して、乳酸菌が腸内の腐敗菌群を駆逐するために、はっ酵乳特にブルガリアのヨーグルトを食べなければならないという説を提唱した（イリヤ・イリイチ・メチニコフ、足立達訳『老化、長寿、自然死の楽観的エッセイ』二〇〇九（平成二一）年）。

かつてコーカサス地域が世界三大長寿地域の一つと言われ、そのコーカサス人の長寿ははっ酵乳を食べるからだとメチニコフ説と関連させて提唱されていたこともあった。

もう一人、パスツール研究所のティシエが、一八九九（明治三二）年に母乳栄養の乳児の糞便からビフィズス菌を発見している。この発見も後になって乳酸菌の機能性の研究に発展する。

このような、もろもろの学説や研究が進んで、どうやら乳酸菌やはっ酵乳というのは体にいいらしいという話の流れから乳酸菌飲料や乳酸菌製剤などが市場に出てきた。

代田稔はその中で一味違う実地の研究に立脚した乳酸菌の保健効能を主張した研究者だった。

代田は一九〇〇（明治三三）年長野県の生まれ。旧制第三高等学校（現・京都大学）から京都帝国大学医学部に進み、そのまま医学部微生物学講座助手として大学に残る。

一九三〇（昭和五）年、「ラクトバチルス・カゼイ・シロタ株」発見、一九三四（昭和八）年、医学部助教授に昇進。すなわちシロタ株の発見は博士三一歳のとき。助教授昇進は三四歳のときだ。

当時既に乳酸菌の保健機能についてのメチニコフ説は周知のことであったようだし、またラクトバチルス・アシドフィルス菌も健康にいいとされていて、欧米でははっ酵乳のアシドフィルスミルクが市場に出回っていた。代田は、口から腸まで届く乳酸菌を発見するために、乳児の糞便から生きている乳酸菌を分離することを試みたのであった。

そのような過程で、発見された胃酸で死滅しない乳酸菌がラクトバチルス・カゼイ・シロタ株だったのだが、分離当時はラクトバチルス・アシドフィルス・シロタ株と呼ばれていた。

当時の日本人の平均寿命は男女平均で四五歳（昭和初期）、感染症による死亡率が高かった。当然日本の微生物関連の医学研究の焦点は、感染症の病因を探索することであった。その典型が日本医学の父と呼ばれる北里柴三郎を頂点とする伝染病学研究者の人的系列だった。研究の対象とすべき結核、消化器感染症などは、まだまだ日本人の国民病のようなものだったから、医系の細菌学者は当然この分野の研究をするのが当たり前という空気だったのに違いない。

ただ感染症病原菌探索の研究人脈は、ほとんど東京大学医学部系の流れだったから、代田の研究環境では「そんな乳酸菌の研究よりもっと別なことやったら」とは言われなかったかもしれないが、日本医学全体の風潮の中で黙々と乳児の糞便から乳酸菌の分離を試みているというのは、なかなか難しいことだったのに違いない。

乳業界では、チチヤス乳業のヨーグルト発売が一九一七（大正六）年、カルピスが一九一九（大正八）年で、食品中の乳酸菌研究といっても昭和も三〇年代まで来なければ、機能性についての研究は育っていない。

今でこそ、プロバイオテックスは乳酸菌研究の花形だが、昭和初期に乳酸菌の生体調節機能に着目するのは極めて先端的であって、代田が学会の中で異端者扱いされる可能性も無視できない。

ヤクルトの創業

代田は京都大学医学部助教授に昇進した二年目に「代田保護菌普及会」を福岡に設立する。京都大学に在籍しながら一種のベンチャービジネスを立ち上げたということになるから行動としては先端的だ。そしてこの普及会で実際に「ヤクルト」という商品名でラクトバチルス・カゼイ・シロタ株を使用した乳酸菌飲料の製造販売を始める。ヤクルトの創業第一歩、博士三六歳のときである。

昔風に言えば助教授になっているのだから、そのうち教授へのポストは約束されているようなものだ、と考えてみると、福岡で製造販売を始めるというのは、やはりすごいベンチャー精神ではないか。

この最初の工場は、普通の家か倉庫のような建物だった。場所は今、ソフトバンク球団の本拠地「ヤフオクドーム」の近く。菰川（こもがわ）のほとりであった。今は小さな記念碑が道沿いにひっそりと立っている。

その後徴兵されたのを機に京都大学を退官、一時旧満州のハルピン大学に籍を置いたりするが、ヤクルト事業への思いを断ち切れず、今度は福岡を離れ下関に移って代田研究所を再開する。ＪＲ下関駅から距離にして九キロほど離れた郊外に、ほぼ六〇〇坪ほどの土地に工場を建てた。

このような企業の草創期の実態というのは、現在の近代化した工場操業からは想像もつかないような貧しさだった。瓶は一本ずつ手で洗い、そこへ一本ずつヤクルト液を手で詰めるといった作業だったようだ。

そして終戦を迎える。

終戦後のヤクルトの発展は目覚ましく、二〇一六（平成二八）年三月期の売上高は三、九〇四億円、純利益三四六億円、日本国内工場一一、ヤクルトレディーと呼ばれる契約事業主は全世界に約八万人、国際的に三三カ国・地域に工場を持つコングロマリットに成長する。

ここに至るまでの企業成長の過程には幾つかの重要なターニングポイントがあったと考えられるので、それを簡潔に挙げておきたい。

第一は、第三代ヤクルト本社社長の松薗尚巳（まつぞの　ひさみ）氏の存在。松薗は関東ヤクルトのオーナーであったが、それまでの全国百数十カ所に拡散していた零細な家内工業に近かったヤクルト瓶詰販売を、近代的なフランチャイズ制の食品工業に変換させた。専務時代の一九六三（昭和三八）年、ヤクルトレディーシステムという革新的な販売組織を構築した。同じくプロ野球球団サンケイアトムズ（現・ヤクルトスワローズ）への資本参加によって、全国的にヤクルトという企業イメージを普及浸透させた。

もう一つ、一九六八（昭和四三）年にヤクルト容器をガラス瓶からインプラント・インジェクション・プラスチック容器に転換した。これは単純な軽量化によるデリバリーの労力軽減をもたらしただけではなく、充塡（じゅうてん）時の微生物汚染や流通中の酵母発酵による品質劣化が皆無になって、製品の品質保証面で画期的な改善をもたらした。さらに、一九六四（昭和三九）年に設立した台湾ヤクルトをはじめとする海外進出もその業績に加えていいだろう。

代田が確立したラクトバチルス・カゼイ・シロタ株という事業のシード（種）、生きた乳酸菌を消費者に届けるという事業コンセプト。それを組織化し発展させた松薗というビジネスマンとしては天才的な事業家の組み合わせが、日本で最初のかつ世界でもトップクラスのバイオビジネスの先駆的な企業に育て上げたといっていい。

機能性乳酸菌のはっ酵乳

代田がシロタ株は人間の腸内で生存し、生体調節機能としての効能があることを提唱したのは一九三〇（昭和五）年のことであったが、微生物相互の共生関係が学会で話題になりその関係に「プロバイオティクス」という用語が当てられるようになるのは、それから三〇年も後の一九六五（昭和四〇）年ごろになる。

さらに、この関係が実証され種々のプロバイオティクスそのものの事象、ならびにプロバイオティクスが成立する微生物生育環境条件が明らかにされ、プロバイオティクスとは?という定義を明確にされるようになるのは一九八〇（昭和五五）年代も終わりの頃になってからだった。

プロバイオティクスという言葉に対して、イギリスの微生物学者ロイ・フラーは「腸内細菌のバランスを変えることによって宿主に保健効果をもたらす生きた微生物」（一九八九）と定義したし、フィンランドのセポ・サルミネンはさらに拡張して「宿主に保健効果をもたらす生きた微生物を含む食品」という定義を提唱した。

それだけでなく、プロバイオティクスを成立させるための微生物増殖促進物質（プレバイオティクス）まで環境条件に加えることも提唱され、「生菌または死菌とその増殖促進物質およびこれらを含有する製品で、経口投与により宿主の腸内フローラの構造ならびに代謝の改善と免疫賦活作用を通して健康に寄与するものである」（『ラクトバチルス・カゼイ・シロタ株：腸内フローラおよび健康とのかかわり』ヤクルト本社中央研究所（一九九八（平成一〇）年）より引用）という定義が、ちょっと長いけれど言い尽くしていると考えられる。

このような、観点から日本のはっ酵乳、乳酸菌飲料の製品群を見るとまことに百花繚乱（りょうらん）、ヤクルトに限らず明治のプロビオヨーグルトの一群のLG21ヨーグルトは、胃潰瘍の悪玉原因菌としてやり玉に挙がっているピロリ菌を除菌するという効能。同じく明治のR－1ヨーグルトはインフルエンザに対する免疫能を強調して、インフルエンザ流行時季にはスーパーの陳列棚から売り切れで姿を消してしまうという現象も見られている。

一方雪印メグミルクからは、内臓脂肪を減少させるというキャッチフレーズでガセリ菌を強調したヨーグルト「ナチュレ恵」が、森永乳業からはヨーグルト「ビヒダス」が発売されていて競合が激しい。

多くの乳業会社の商品名には、ＢＢとかＬＢ、ＬＧなどのアルファベットが並んでいて、何やら難しそうな雰囲気を醸し出している。あたかも白衣を着たお医者さんの匂いのするものになってきた。欧米のスーパーで並んでいるはっ酵乳は、フルーツフレーバーやフルーツ入りのおいしさ追求の品質設計のものがほとんどであって、これほどまでに健康志向になっているのは日本独自であろう。

こうして眺めてみると、日本の「機能性はっ酵乳」の商品群は日本独自の知的財産であって、この膨大な日本のプロバイオティクスへの知的蓄積による財産の最初の銅貨を貯金箱に投入した、代田稔博士の功績は真のフロントランナーとしてたたえられるべきと思う。

自然主義者、藤江才介と佐藤忠吉

プロセスチーズの品質を決めた人

日本におけるチーズの工業的生産の萌芽期は昭和一桁時代。乳業各社の社史によれば、明治乳業（現・明治）が両国工場で一九三二（昭和七）年にプロセスチーズの生産を開始。その翌年一九三三（昭和八）年に森永乳業、北海道酪連（通称酪連、現・雪印メグミルク）が一九三四（昭和九）年に工場生産開始。

このように日本を代表する乳業三社がほぼ同時期にチーズの生産を開始したということは、当時の乳業界の技術的な発展過程では、それまでの飲用乳、煉乳、バターの生産から次の目標がチーズの生産だったのであろう。

ただ当時の食品流通インフラの実態は、冷蔵流通・保管の設備がない、商品の回転率が悪く在庫期間が長いという市場環境であった。従ってナチュラルチーズを溶融殺菌し、常温流通でも日持ちのするプロセスチーズにしてスタートせざるを得なかった。何しろ当時の日本人のチーズ消費量はわずかに一人一年当たり二瓦《グラム》だったのだから。

そして前記の三社の中で酪連の商品のみが、なんとかその後の第二次大戦の嵐を潜り抜けた。それには酪連がプロセス原料の国産チーズの生産能力を持っていたことが大きい。

酪連のプロセスチーズの開発には、日本で原料になるゴーダとエダムの生産を先導したデンマーク帰りの藤江才介という一人のチーズ技術者の存在を無視できない。

藤江の足取りをかいつまんでたどることにする。

藤江は、一九〇九（明治四二）年横浜で生れる。慶応大学予科のころ酪農を志すが当時、北海道大学で酪農を学んでいた先輩から、酪農の勉強なら北大よりデンマークに行った方が勉強になると聞かされてデンマーク留学の意志を固める。

この時期彼の先輩がそのような助言をしたのは、先に宇都宮仙太郎の項で述べた通り一九二一（大正一〇）年前後は、北海道酪農がエドウィン・ダンたちによって明治初期に導入された米国式の無肥料放牧型の酪農経営が、次第に地力の低下をもたらし生産効率が悪化して行き詰まり、中規模草地改良型経営で成功していたデンマーク酪農の方式に転換しようとしていた時期だったからだろう。

ともかく、一九二九（昭和四）年、藤江青年は横浜からデンマークに向けて出発する。デンマークに到着後、大学には入らず言葉の勉強などをしながら酪農家に住み込み、北欧型の酪農とチーズ製造技術を一から習得する。さらに英国、フィンランド、スイスなどの諸国にも足を伸ばし乳製品製造技術を学んだ。

藤江のデンマーク滞在中、北海道では別な動きが始まっていた。

酪連ではバター製造成功の次にチーズ製造に展開しようと、社長宇都宮仙太郎、専務黒澤酉蔵らが計画を温めていた。まず自社技術でつくれないかと、当時の技師長佐藤貢とチーズ製造の知識をアメリカで勉強してきていた茨木丈夫とがブリックチーズの試作を始めた。一九二八（昭和三）年のことだった。

佐藤はバター製造こそ熟練の人だったが、チーズは得意ではなく試作品の品質は満足できるものではなかったようだ。それを見て黒澤らは、デンマークに留学中の藤江に声を掛け、チーズ専門工場を建設し工場運営を任せるから一肌脱いでくれとヘッドハンティングを試みる。

藤江もせっかく習得したチーズ製造技術を実際の現場で発揮できる場所は、北海道しかないだろうと思っていたので酪連の申し出を受け入れる。

藤江が帰国し実際に酪連に入社したのは一九三二（昭和七）年。翌一九三三（昭和八）年北海道胆振管内遠浅（現・安平町早来）に日本初のチーズ専門工場が完成、彼は直ちに新設の遠浅チーズ工場長に任ぜられ、以後ゴーダ、エダム、ブルー、カマンベール、チェダーなど多岐にわたり日本におけるナチュラルチーズ製造の先鞭（せんべん）をつけた。

藤江の技術センスの卓抜さは、欧州各国を回り歩いている間、それらの国々ではチーズという食べ物が、あたかも日本における漬物的な感覚で生活の中に溶け込んでいるのを見て、いかなるチーズが日本人の嗜好（しこう）に適合するかを、自らへの課題として真剣に考えながら技術習得に当ったことである。

彼は「なぜ、はじめにゴーダチーズとエダムチーズを手掛けたのか」という問いに対して、「原料乳質の面からは、チェダーチーズの方が製造条件の選択に余裕があってつくりやすいが、製品の味という面からゴーダチーズの方がマイルドで日本人の嗜好に向くと思った。チーズになれていない人には、酸味の少ないゴーダチーズ、脂肪率が低いエダムチーズの方が好まれるに違いないと考え、ゴーダチーズとエダムチーズを先につくった」と答えている。

すなわち新しい食品の市場導入期に、技術的な取り組みやすさではなく消費者の嗜好に適合するかどうかという視点で品質の選択をしたのである。日本のチーズ技術の黎明（れいめい）期にそのようなセンスで日本のチーズ生産の方向付けをしたのは卓見と言わざるを得ない。

これが、日本のプロセスチーズの風味を決定する基本配合に、ゴーダやエダムのようなオランダ・北欧系のチーズがベースとなった由来である。

略連はその後雪印乳業に改組されたが、藤江はそのまま在籍し、一九五一（昭和二六）年雪印乳業の生産部長に就く。しかしその職位にとどまることなく一九五四（昭和二九）年に四五歳の若さで雪印を退職、新しく創業した協同乳業の技術担当専務に転籍、在職四年で退社。自ら新世乳業を立ち上げて社長になる。しかし、一九六四（昭和三九）年に新世乳業は倒産。以後藤江は自由人となって、チーズ製造の技術コンサルタントや飲用牛乳の低温殺菌技術の普及に生涯を懸けた。

ＬＴＬＴ（低温長時間殺菌法）のこと

ＬＴＬＴ法、牛乳の低温長時間殺菌法のことである。普通六三℃三〇分の殺菌温度時間を指し、発想の原点はフランスの細菌学者パスツールが牛乳の加熱による風味の低下を極力抑え、かつ牛結核のような人畜共通病原菌の殺菌を可能にするとして提唱した方法である。二〇世紀に入って国際的に広く採用され、日本では一九三三（昭和八）年に飲用牛乳の衛生取締規則の順守事項として義務付けられた。

ところでなぜチーズ専門の藤江が、飲用乳のＬＴＬＴ殺菌に関連したのだろうか。

もともとヨーロッパでは、チーズは無殺菌乳からつくるものだった。欧米型のチーズはレンネット酵素で乳タンパク質を凝固させてつくる。ところが牛乳を加熱すればタンパク質は熱で変性する。なるべく自然な状態であってほしい乳のタンパク質を、人為的に熱変性させるのはチーズづくりの立場から言えば邪道である。

しかし一方、チーズの原料乳の細菌的な品質は、レンネット酵素と同時に働く乳酸菌も雑菌に邪魔されず生育できる状態でなければならない。

その視点から当時の原料品質を振り返ると、北海道といえども酪農について全くの未経験者が入植し酪農家となったわけで、牛乳の細菌汚染を最小にするということは、目に見えない細菌との闘いだから一朝一夕に身に付くものではない。藤江が帰国して出会った頃の北海道の原料乳の現実は、雑菌による汚染が多くとても無殺菌のままでチーズづくりに回せそうもない品質だった。

藤江はその現実に直面して、不本意ながらも殺菌乳からチーズをつくることを受け入れざるを得なかった。だが藤江のチーズ技術者としての信念は、乳質改善によってデンマーク並みの乳質になれば未殺菌乳が理想。加熱したとしてもＬＴＬＴ法が許容の限度だと思っていたに違いない。

だからその後、続々と登場した近代的殺菌法のＨＴＳＴ法（高温短時間、七二～七五℃一五秒）や、ＵＨＴ法（超高温、一二〇～一三〇℃二～三秒）の導入に一貫して反対した。

藤江の主張は、チーズ技術の本質からいえば正論なのだが、このような高温殺菌のための装置は、飲用乳の生産効率を上げるために開発された技術であって、日本の市乳業界が日付競争のような乳業技術の本質とは異なった方向に走っていた当時、各社競って市乳工場の殺菌装置を置き換え、ＬＴＬＴ法を支持するなんてとんでもない時代遅れとか、現実のマーケットを知らないと評価され、藤江自身の存在までも乳業界から葬り去られようとするのであった。

しかしそのような乳業界の風潮にもかかわらず、藤江は「ＬＴＬＴ法こそ許容できる真の牛乳殺菌法だ」と伝道師のごとく主張する。

藤江は、一九九一（平成三）年に『パスチュライズ牛乳　製造の理論と実際』と題するテキストを刊行し、その序文に「欧州では一九世紀までは滋養飲料としての牛乳は全て〝ナマ〟で人々に飲まれていたのでしたが、それが消費者の理解を得て一〇〇％パスチャライズ牛乳（ＬＴＬＴ法）に切り替わるまで実に二五年を要した……」と記述した。

このように藤江はチーズづくりの原点から、もし原料乳を殺菌するならば、タンパク質の熱変性を最小に抑えるという目的でLTLT法しかないという信念で行動した。

日本のプロセスチーズの基本配合にゴーダチーズを導入してその嗜好性を確立したこと。そしてLTLT法殺菌のみが牛乳自然の風味を保証すると説く孤高のコンサルタントとして、藤江は戦前戦後の日本の乳業界の先端を駆け抜けた一人のフロントランナーだったことに間違いはない。

藤江は一九九五（平成七）年永眠された。享年八五歳。

佐藤忠吉を訪ねる

もう一人、飲用牛乳についてもパスチャライズ牛乳こそわが道と、一筋に頑固を貫き通した人がいる。島根県奥出雲の地で頑固にLTLT牛乳をつくり続けてきた木次乳業の創業者で現相談役の佐藤忠吉だ。

二〇一三（平成二五）年九月に佐藤忠吉に会ったとき、彼は九四歳。ちょっと耳が遠いようだったが、矍鑠（かくしゃく）として会話は論理整然としてよどみがない。一貫してLTLT乳こそ飲用牛乳の本流でなければならないという信念で、企業経営を成功させてきた人だと一瞬で理解できた。

佐藤は言う。「この奥出雲の土地の水がいい。この水を飲んだ牛たちの乳がいい。この水で育った

低温長時間殺菌法を頑固に続けた佐藤忠吉

草を食べた牛たちの乳がいい。斐伊（ひい）川の上流、木次の土地で育った乳牛の乳と、下流の出雲、松江の地で育った牛の乳とは格段の味の差がある」。

この言葉から、佐藤が低温殺菌で原料乳の風味を極力損なわない製品をつくろうと志した土台には、温度とか時間といった殺菌法の技術的なことよりも、この奥出雲の牛乳のおいしさを極力そぎたくないという気が根底にあったのではないかと感じた。

佐藤は一九二〇（大正九）年、島根県木次町に生まれた。幼少時から病弱、成人してからも体格は小柄で決して壮健ではなかったと本人がいう。

佐藤が乳業に関わるようになったのは、一九五五（昭和三〇）年のこと。戦後、軍隊から木次町に戻り、家業の農業の傍ら数頭のホルスタイン牛を飼養して搾乳を始めたことからであった。そして同業の酪農家数戸、それ以前から乳処理を行っていた牛乳屋さんたちと共同で、手詰めの瓶詰め牛乳を製造する小さな「木次乳業」を立ち上げた。

その後、経営上の紆余（うよ）曲折あって一九六九（昭和四四）年に佐藤一人で木次乳業の経営を引き受けることになる。

この当時既に佐藤の身辺に、自然な食品をつくることに強く引き込まれていく要因があって、次第に彼はＬＴＬＴ乳への道に進みだすのであった。

大坂貞利という友人がいた。一九三八（昭和一三）年生まれだから、佐藤は三七歳年上になる。彼は農家でありかつ農村生活の改善にも熱心な運動家だった。この佐藤、大坂の二人に対して強い思想的な影響を与えたのが、木次町立日登中学校校長だった加藤歓一郎という、無教会派のクリスチャンでかつ行動的な社会教育の実践者であった。

無教会派というキリスト教集団は、内村鑑三が主導した日本独自の宗派で、キリスト教に付随するいろいろな儀式、慣習から離れ、聖書を深く読むことを第一に、常に「心清らか」でありたいと願う精神性の高い人々の集まりであった。従って農業生産にしても現代的な技術に頼らず、天然自然の恵みを大切にしようという生活哲学を尊重しようと心掛ける人々であった。

それらの生活哲学を学ぶ中から、大坂たちは自然農法へ傾倒し一九七二（昭和四七）年、一五人くらいの同志を集めて「有機農業研究会」を発足させる。この研究会に佐藤が参加し強い影響を受ける。今でも佐藤は「木次乳業の考え方の原点は、大坂さんのいわれたことと、加藤先生の指導された研究会だったですよ」という。

ところで、木次町の人々が有機農業・自然食品を志す活動を発展させようとしていたこの時期、日本の乳業界での飲用牛乳の技術はどう動いていたのだろうか。

昭和三〇年代には超高温（ＵＨＴ）殺菌機の導入が始まり、一九七六（昭和五一）年には無菌充填（じゅうてん）機を組み合わせたロングライフ（ＬＬ）牛乳の技術が登場してきた。

この頃の、日本経済は右肩上がりに成長してはいたが、一方で公害も社会問題となっていて、時の経済情勢に乗り遅れまいとする人々もいれば、ここで立ち止まって食の原点とは何なのかを問い直そうとする人々も現れた。佐藤はその後者の人々と価値観を共有するグループの一人であった。

自然な風味を尊重した牛乳を消費者に届けたいというコンセプトで、木次乳業がＬＴＬＴ乳を市販し始めたのは、研究会のスタートから六年たった一九七八（昭和五三）年になる。

しかし経営者がＬＴＬＴ乳こそ最も優れた品質だと信じていても、それがビジネスとして成立するかどうかは別な問題である。まして周りの乳業各社が製造する牛乳は、ほぼ全て超高温殺菌で、かつスーパーには安売り牛乳が氾濫しているという市場環境にあった。

ただ佐藤には、自然食こそ人類の生きる道と確信する人々による有機農業研究会系の人脈ネットワークがあって、木次乳業の流通ルートが支えられ、地元雲南地域のみならず当時としては画期的な通信販売の流通ルートが構築される。そして木次のＬＴＬＴ牛乳は関西一円にまで広がっていくのであった。

藤江才介との出会い

佐藤の発言に、もう一つ聞き逃せない経営哲学があった。「会社というものは大きくしちゃいけん」、重ねて「だから小規模な新規事業を、アメーバのように本体にくっ付けて、それぞれ独立採算で、というようにやってきました」と言う。

その最初のアメーバがナチュラルチーズの開発だった。

時を同じくして佐藤にそのチャンスが訪れる。一九八〇（昭和五五）年に宮城県蔵王町に「蔵王酪農センター」という酪農技術の啓蒙（けいもう）組織が開設される。この組織は元々酪農の電化技術の研究のために神奈川県厚木市に開設された組織であったが、その後蔵王に移転し酪農と乳の加工技術の啓蒙センターに性格を変えていた。そのセンターが一九八一（昭和五六）年に日本で初めて「国産ナチュラルチーズ製造技術研修会」を藤江才介を講師としてスタートさせた。

元々アメーバ的企業発展の種を探していた佐藤は、この研修会に躊躇（ちゅうちょ）なく応募し、その第一号受講生として参加、そこで講師の藤江と出会う。

藤江がＬＴＬＴ乳こそ、牛乳の真の風味を失わない殺菌方法だ、と孤軍奮闘で叫んでいた頃だ。早速ご両人は意気投合したという。だがこれまで触れてきたように、二人のＬＴＬＴ乳支持の基盤が、ちょっと違うことを理解しておく必要がある。

藤江は日本酪農の技術レベルが上がって、ようやくＬＴＬＴ乳でヨーロッパ並みのチーズがつくれるようになったのだから、このメリットを生かさなければいいチーズはできないという立場であったし、佐藤の方はむしろ自然農法・自然食品を尊重するという哲学を経営基盤にするならＬＴＬＴ乳だという立場だった。

佐藤は、この講習を振り返って「そのとき私は六一歳で、もう年だし、娘を受講させようと思ったんですが、結局行っちゃった。こちらは学校をろくに出てないし、藤江先生がしゃべる用語が英語で、チンプンカンプンだったたですよ」と語る。

佐藤は、チーズの製造技術を島根に持ち帰るのは自分しかいないと決心していたから、必死に藤江講師に食い下がって聞こうとする。一方藤江は佐藤のチーズ製造への熱意がうれしかったのだろう。佐藤には他の受講生より親身に教えたという。その後、藤江は木次町の工場にまで出掛け、実際に木次乳業の技術顧問としてチーズづくりを指導している。

木次乳業のナチュラルチーズ製造はその後順調に成長し、現在ではゴーダタイプの熟成もの、カマンベールタイプ、モッツアレラタイプ、プロボローネタイプなどの製造を行っている。一般社団法人中央酪農会議主催の「オールジャパン・ナチュラルチーズコンテスト」では第一回をはじめ、第二回、第四回、第六回と計四回にわたり、またチーズプロフェッショナル協会が主催する「ジャパンチーズアワード」においても二〇一四（平成二六）年、二〇一六（平成二八）年の二回、上位入賞を果たしていて今や山陰地区におけるナンバーワンの地位を占めている。

今、奥出雲の道路を走っている木次乳業の社用車には、「赤ちゃんには母乳を」と「私たちの選択 パスチュライゼーション（英字）」と大きく書かれている。このメッセージで、木次乳業は〝島根に木次あり〟と全国的に知られた。これらのメッセージには、「自然こそ人類への最大の恵み」―これを極力壊さずに人々に提供しよう、という木次乳業の企業哲学が込められている。

ジャージー牛導入に成功した人々

ジャージーという名の牛

明治政府が当初米国から導入した牛種は乳肉兼用のエアシャー、ショートホーン、シンメンタール、ブラウンスイス、ジャージーなど多種にわたっていたが、次第に産乳量が多いホルスタイン種に切り替わり、やがて大部分を占めるようになった経緯は既に「ホルスタイン牛を導入した人々」の章で述べた。

このホルスタイン牛選択の方向を大胆に変えジャージー牛を導入しようとしたのが、一九五四（昭和二九）年に施行された「酪農振興法」（以下、「酪振法」と略）であった。この酪振法とは「第一に自然的経済的条件が酪農に適する地域を集約酪農地域として指定し、生乳供給地域として乳牛飼育密度が濃厚で、合理的な酪農経営が得られる地域に育成する。農林省はこの目的のためにジャージー種の乳牛を輸入し…」という趣旨が強調されている法律であった。

この酪振法を成立させなければならなかった当時の酪農を巡る社会経済的な背景は、極めて厳しいものがあって、特に第二次大戦後酪農を目指して入植した中国、韓国、樺太などからの引き揚げ者集団の生活救済、酪農民と乳業会社間の乳価を巡る経済摩擦の解消などもその重要な目的に含まれていた。

ここで、ジャージーという牛種について簡単に振り返る。

毛色は褐色で小型。雌の体重は三五〇~四五〇キロで、ホルスタイン種の六割程度。小型ながら典型的な乳用種。放牧飼養の場合の年搾乳量は三、〇〇〇~四、〇〇〇キロで、ホルスタインに比べると少ないが、平均乳脂肪率は五%で、ホルスタインの三・五%程度と比べるとかなり高い。従ってこの牛は米国のような飲用乳比率が高い国よりも、クリームやバターなど乳脂肪の消費が多い英国、オセアニアなどの乳製品加工比率が高い地域で多く飼われている。

ジャージー牛のもう一つの特徴は、飼料利用効率が高いこと。すなわち粗食に耐えアルファルファやチモシーのような、栄養豊富な牧草でなくても十分に飼養できる牛種であった。従って第二次大戦後、引き揚げ者として入植し酪農には全くの素人の人々にとって、「頑健で粗食に耐える」というキャッチフレーズの牛種は魅力的であったに違いない。

それ故、最初は山梨・長野にまたがる一六カ町村の八ケ岳地域をはじめ、青森十和田、秋田北部鳥海、岡山美作、熊本阿蘇など一二カ所をモデルの集約酪農地域として指定したのであったが、その後指定要望地域が膨らみ一〇〇カ所を超えるまでになる。なにしろ入植者全体がまだ酪農に素人なのだから、このジャージー牛導入に関しては、粗放な開拓農場の草地に適する牛種ということだけで、全国的に多くの期待が寄せられたのであった。

しかし事は順調に進まず、酪振法によって導入されたジャージー牛の多くは、やがて産乳量の多いホルスタイン牛に切り替えられる道をたどった。その流れの中で愚直にジャージー牛を守り育てた二つの地域を紹介する。

熊本県小国町のジャージー牛

熊本県の場合、農役牛の「阿蘇の赤牛」が古くから飼われていた。だから小国町を中心とする阿蘇山麓地域が、集約酪農地域に認定されジャージー牛の導入が決まった時は、町の人々は「まあ、赤牛みたいな牛だろうよ」と違和感なく考えていたらしい。しかし全て新しい事業には障害がつきものである。

当時の熊本県全体としてはホルスタイン牛の導入を酪農政策としていたので、酪振法実行担当である熊本県の富田畜産係長が酪振法に基づいて行動すると、県とは違うジャージー牛の導入を推進しなければならないというジレンマになる。だがその中で富田は、小国町の酪農にはジャージー牛が最適と信じるので、首を賭けてもその導入に尽力すると断言したという。町の人々もこのような肝のすわった人の言うことなら間違いないと、ジャージー牛の導入に賛同したそうだ。

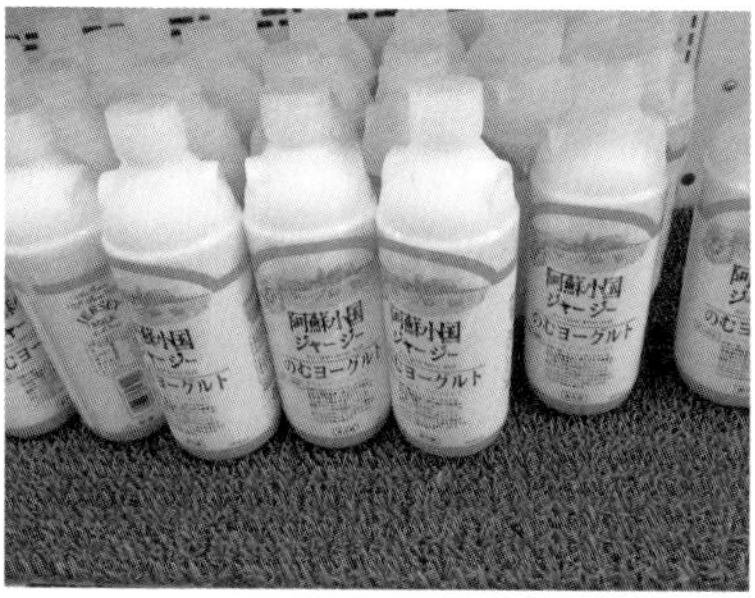

小国町のジャージー乳ヨーグルト

この熊本県小国町という町は、阿蘇の外輪山麓に位置していて、有名な日田杉の産地の近く、典型的な林業で生きる山村だった。

一九五〇（昭和二五）年当時、一ヘクタール以下の稲作農家の比率が約七〇％、それに阿蘇赤牛の繁殖を手掛けて生活の糧にする。一九五五（昭和三〇）年ごろの小国町の農家の収入源は平均三〇俵程度の米販売と年一、二頭の子牛販売代金、そして出稼ぎの賃金収入だった。

そういう集落で、一九五七（昭和三二）年に集約酪農地域に指定されジャージー牛酪農を始めるという脱皮を決断した人がいた。

河津寅雄小国町町長。通称「カワトラさん」。一九四二（昭和一七）年から小国町長を五期二十数年。多数の兼職の後に熊本の片田舎から全国町村会長を務めた人材だから並みの人ではない。

この人の語録も個性的だ。「農林省が小国にはジャージー牛が適していると指導助言した。農林省の指導通りにやって、もし失敗したらジャージー牛を農林省の玄関につなげばよい」と言って町民を安心させたという。いかにも豪胆な実行力ある指導者だったらしい。

一九五七（昭和三二）年二月、オーストラリアからのジャージー牛第一陣九八頭が貨車一五両を連ねて肥後小国駅に到着する。

この導入に当たって、河津町長の方針は「指導者たるもの全てジャージー牛を導入すべし」ということだった。従って役場の畜産課長はもとより管理職もまずは一頭引き受けて、初心の酪農家と同じ苦労、同じ喜びを分かち合えということになった。

導入された牛は、極力早く搾乳できるよう初妊牛が選ばれていたから、当初の九八頭は翌一九五八（昭和三三）年には一四二頭となり導入農家数は九九戸を数えた。

その後もさらにジャージー牛の増頭導入が行われ、一〇年たった一九六八（昭和四三）年には導入農家数二六六戸、一戸当たり飼養頭数は約四頭になった。

酪振法の導入に伴い河津町長の指導力によって、町政には多くの革新がもたらされる。たとえば小国町は一九六四（昭和三九）年に第三回全国農業祭において天皇賞を受賞する。

それは一九六一（昭和三六）年から、阿蘇山麓原野の入会権の放棄と関係農家八四二戸への払い下げという、江戸時代からの農山村集落の常識を超える改革を達成し、町内の原野を大規模草地改良事業の対象として七五㌶の「三共牧場」を完成した。この牧場では実験的にチモシー、クローバなどの牧草栽培、さらにジャージー牛に加え交配種としてのヘレフォード牛、アンガス牛なども導入した。粗放な原野を豊かな牧野に改造したことに対しての天皇賞だったのである。これで小国町という熊本県の一山村が、一躍全国的に名をはせたわけだ。

「杉で食う、大根で食う」

しかし一九五七（昭和三二）年から二〇〇七（平成一九）年までの五〇年間、小国町のジャージー酪農経営は順風満帆ではなかった。

ジャージー牛飼養戸数は一九六一（昭和三六）年がピークで、飼養戸数五一二戸、頭数九八一頭。この戸数はその年の小国町全戸数の一六・五％にもなっていた。それが二〇一一（平成二三）年にはジャージー酪農家は二〇戸に減少し飼養頭数は一、二〇〇頭、搾乳牛七五〇頭になった。皆でやる酪農から専業化した酪農への転換を如実に示している。

現地の酪農家、高村祝次に話を聞く。高村は一九六七（昭和四二）年に高校を卒業した酪農二代目。高村は言う。「当時は『夏山冬里』が合言葉で、教科書通り夏季は牧草地で放牧、冬季は舎飼いを基本としたが、実際は牧草地造成が不十分で草量が確保できず貧栄養で乳量も出ず、酪農だけでは経営は成り立たなかった」。

並行しての副収入は大根栽培。現金収入としてはありがたかったが、何分にも労働がきつい。酪農との両立は苦しかった。農家によっては、山林の杉伐採で副収入を得るところもあった。だから周りからは「牛飼いは杉で食っちょる。大根で食っちょる」と言われたものだったと振り返る。

でもそういう苦闘の中で真摯（しんし）に相談に乗ってくれる人がいた。

後藤保人である。彼は鹿児島大学卒で北海道の町村農場で働いてから小国町に来た人だった。彼は牛飼いはまず土づくり、草づくり、という根本から高村たち若手酪農家を鍛えた。圃場に石灰を入れ、まず牧草地の地力を向上させることから酪農の初歩が始まるという思想に基づいた行動が、軌道に乗ってきたのはようやく一九七五（昭和五〇）年ごろからか。その草地づくりの成果は、当初の一日当たり乳量五～七キロが一五～二〇キロになって報われてくる。

現在、高村はジャージー牛二〇〇頭、繁殖肉牛八〇頭を飼養、堆肥は全て自前の牧草地に投入して、飼料は乾草、サイレージともに完全自家調達という理想的な循環型酪農を成立させている。

ところで、その過程でホルスタイン牛への乗り換えの話はなかったのだろうか。

当時「酪振法」に基づく政策で全国二万五、〇〇〇頭のジャージー牛が導入されたのだが、当時日本酪農を支配していた乳量至上主義の風潮の下で、各地区とも次第にホルスタイン牛に置き換えられていった。

小国町の場合、ホルスタイン牛導入の希望者に対して河津町長は、「ホルスタインに転向するのは構わない。ただしジャージーとの混乳は認めないし、乳価も別立てにさせてもらう」と申し渡したという。そのため小国町ではホルスタインへの切り替えの話は立ち消え、小国町の乳牛はジャージー牛のみという英国のジャージー島と同じ独自の酪農地域を貫き現在に至ったのであった。

岡山県蒜山高原のジャージー牛

岡山県蒜山（ひるぜん）高原。同高原は岡山県とはいえ鳥取県との県境ぎりぎりに位置する。岡山といえば白桃、マスカットなどの果物王国のイメージが強いが、蒜山高原が位置する中国山地の奥は積雪寒冷単作の貧農地帯であった。

全国的に酪振法で集約酪農地域として指定されるような地域は、一言でいえば人里離れた原野、荒れ地、水利が悪く作物の栽培に不向きと決め付けられていた土地が多かった。だから蒜山高原も集約酪農地域の助成を受けるまでは、多くは茅（かや）の生い茂る原野で細々とした稲作、和牛肥育、葉タバコ栽培などで食べていく地域でしかなかった。

だが今はかなり違う。

高原のほぼ中心に、「ジャージーランド」と名付けられた蒜山酪農農業協同組合が経営する乳加工工房やレストランなどを併設したビジターセンターがあり、工房ではヨーグルト、カマンベールチーズ、ゴーダチーズをつくっている。さらにジャージー牛乳の工場も別棟で建っている。

蒜山高原「ジャージーランド」乳加工工場

とてもこれは集約酪農地域という地味な酪農村という印象ではないと一瞬驚くのだが、実は酪農開発と並行して、この地は岡山県が東の軽井沢に対抗して、西の高原リゾートとして開発を進めてきた地域でもあった。なにしろ年間二五〇万～二八〇万人の交流観光客を集めているリゾート地だというからその規模は半端ではない。

このジョイフルパークの土産コーナーにはジャージー牛乳、ヨーグルト、アイスクリーム、チーズ、バター。いやそれだけではない、ジャージークッキー、ジャージーケーキ、ジャージーキャラメルなどなどジャージー牛乳を配合した乳製品や菓子類が山ほど。レストランに立ち寄ればジャージー牛肉のステーキ定食や焼き肉がメーンのメニューになっている。この農協経営のジャージーランドだけの売り上げで年間二億四、〇〇〇万円に上るという。

この蒜山高原リゾートは、他のリゾート地では味わえないジャージー牛酪農が生み出す、差別化された食体験を底辺にがっちりと組み込んでいるところが特色なのである。

三木岡山県知事と惣津畜産課長

熊本県小国町では「カワトラさん」と呼ばれた町長が新しい酪農政策を推進するキーマンだった。蒜山の場合は時の岡山県知事、三木行治のリーダーシップがこの新しい地域を築き上げたようだ。

三木は知事に就任した翌年、一九五二（昭和二七）年一一月三〇日に県の幹部を知事公舎に集め「岡山県酪農振興計画」の素案を練った。そして翌一九五三（昭和二八）年に、蒜山地域は特殊だとして特に「蒜山地区酪農振興計画」をまとめ県下に発表した。

三木は厚生省の公衆衛生局長を経て岡山県知事に当選した人だが、水島臨海工業地域開発、蒜山高原地域酪農振興と観光開発などに卓越した行政手腕を発揮した成果に対して、知事在任中の一九六四

（昭和三九）年にアジアのノーベル賞といわれるラモン・マグサイサイ賞を日本人として初めて受賞した。

この賞はアジアの発展途上国における社会制度改善とか、貧困からの向上の成果を顕彰するという性格が強い賞だから、水島臨海工業地域開発もさることながら、むしろ蒜山高原の地域振興の成果に与えられた栄誉なのであった。

ただこのような大事業は、知事が旗を振っただけで成立するものではない。下に実質的に汗をかく人間がいる。それが当時の岡山県畜産課長の惣津律士である。惣津は九州大学卒業後農林省入り。札幌の月寒種畜牧場勤務経験のある畜産行政マンで、三木が蒜山地域に集約酪農地域指定誘致の政策を補佐するのに最適な人材であった。

惣津の功績は、集約酪農地域指定の獲得に尽力しただけではない。時の農林省畜産局長が地域指定は取れても酪農家の育成をどうするかと問うたのに対して、県として責任をもって酪農技術習得センターを設立することを約束し、公約通り岡山県立酪農大学校を設立（一九六一＝昭和三七年）、さらに中国、四国および兵庫県の一〇県の賛同を得て中国四国酪農大学校に発展させた。

この発想は、全国酪農協会会長であった松崎半三郎（当時、森永乳業代表取締役社長）が、一九四六（昭和二一）年に福島県に日本で初めて財団法人日本酪農講習所を設立したことに倣ったものであったが、この酪農大学校は、西日本唯一の酪農後継者育成機関としてこれまで一、二〇〇人以上もの卒業生を送り出している。

惣津は県庁退職後、この酪農大学校の初代校長を務め、さらに県畜産酪農諸団体の会長などを歴任、一九七三（昭和四八）年享年六六歳の若さで逝去。惣津の胸像がこの酪農大学校の敷地内に建っており、平成の代になっても彼の活躍が語り継がれている。

ジャージーかホルスタインか

小国町と蒜山地域には明確な違いがある。それは小国地域がジャージー牛単一種酪農に対して、蒜山地域はジャージー牛とホルスタイン牛との混在酪農だということである。

小国町ではジャージー導入時に搾乳牛はいなかったから、最初からジャージー牛単一の酪農経営を始めることができた。蒜山もほぼ同様の状態でスタートしたのだが、周囲の酪農地帯、岡山県津山地域、鳥取県大山（だいせん）地域などは全てホルスタイン牛地域であったので、当然どちらの牛種が、地域の酪農経営として効率的かということが議論になる。

これには生乳需給のバランス、乳価の乱高下が判断に影響する。生乳が足りなくなれば「ジャージー牛からホルスタイン牛に切り替えませんか」と乳業メーカーから高乳価で勧誘がくる。

蒜山地域でのジャージー牛頭数の推移を見ると、一九五五（昭和三〇）年にニュージーランドから初めて入ったジャージー牛は九四頭。二年後にはそれが四五〇頭、五年後には一、〇〇九頭、一〇年後の一九六五（昭和四〇）年には一、六〇〇頭にまで増える。

　この段階でホルスタイン牛の導入も行われ、一九七八（昭和五三）年にはジャージー一、五〇〇頭に対し、ホルスタイン一、〇〇〇頭、合わせて二、五〇〇頭規模に成長する。そして一九八四（昭和五九）年にはジャージー、ホルスタインほぼ同数の一、二〇〇頭ずつになって、一九八九（平成元）年にはジャージー一、二〇〇頭に対してホルスタイン一、六〇〇頭と逆転してしまった。この時ジャージー牛による蒜山高原集約酪農地域の本流が消えてしまうのかと危惧されるのだが、しかし一九九三（平成五）年にはもう一度ジャージー酪農が盛り返す。

　この年、ジャージー一、五〇〇頭、ホルスタイン一、五〇〇頭と同数になり、それから一〇年たった二〇〇四（平成一六）年時点でジャージー二、二〇〇頭、ホルスタイン九五〇頭と一、〇〇〇頭以上の差が開く結果になった。現在ではホルスタインはほぼ横ばい、ジャージーが減って一、九五〇頭（うち搾乳牛一、三〇〇頭）というレベルで落ち着いている。

　この間、岡山、鳥取の酪農地帯は新しい乳業工場建設などの需要構造が変わったわけではないので、このジャージー牛の飼養頭数の変化は、純粋にジャージー牛の生乳の需要増によるものだと考えてよい。

　それは一九八五（昭和六〇）年から製造した、「ジャージーヨーグルト」が当たったことによる。

「それからどんどん乳量を増やしても足らんくなったけな」と酪農家は言う。収入的にも大方の酪農家の粗収入は一、二〇〇万～一、三〇〇万円ぐらいに増加した。

自らの開発努力でジャージー乳の消費を創造する。生産から加工、販売までの六次産業完結型の酪農経営の典型だと言ってよい。実際に「ジャージーランド」という観光施設をのぞいてみると一目瞭然なのだが、蒜山高原の観光の組み立てはジャージー牛による酪農経営、すなわち草地、飼養、搾乳から加工生産への循環型経営にとどまらずに、情報、エンターテインメントとの連結による相乗効果というもう一つ高次元の循環が成立している。

小国町でも蒜山高原でも、数十年かかって一つの独自のビジネスモデルを形成した地域には、何人かのフロントランナーたちによって築き上げられた強靭（きょうじん）な不屈の生活哲学を感じさせるものがある。

※「ジャージー導入四〇周年記念誌」JA阿蘇小国郷（一九九八（平成一〇）年）、「蒜山酪農地域の形成」岡山県畜産協会（二〇〇九（平成二一）年）、「岡山畜産便り」（一九六〇（昭和三五）年）などを執筆に当たり参照している。

斎藤晶と山地酪農

斎藤牧場とは

数千年前メソポタミアでヤギやヒツジから搾乳したミルクを、人間の食用に供する酪農という営みが産声を上げたとき、そのヤギ・ヒツジたちは、ほとんど野生だったと見ていい。

それほど歴史をさかのぼらなくても、アメリカ大陸に移住した初期の開拓民たち、オーストラリア・ニュージーランドに移住した酪農民たちが牛を運んで牧場を開設したとき、まず原野で放牧することから始めたに違いない。これが酪農の成り立ちにとって本質的なことであろうと考えられる。

しかしこの営農センスは、江戸時代から培われ狭い耕作地に対して集約的に働くのが農業、という日本人の習性のようなセンスと甚だかけ離れるものであった。要するに原野をほっぽり出しておくというセンスがどうも日本人に合わないらしい。

一九五四（昭和二九）年施行の「酪農振興法（酪農及び肉用牛生産の振興に関する法律）」によって、日本各地に酪農開拓のために多くの新規酪農参入者が入植したとき、どの地域でもまず牛を導入する前提として牛の飼料を確保するため牧草地開発を先行させた。この考え方は入植から成果が得られるまでの時間がたっぷり取れれば本質的に正しい。だが当時はまだ重機が利用できなかった時代だった。入植者は人力で原野を開拓しなければならなかった。従って入植と同時に始まる開墾の重労働、牧草地造成期間には助成金以外の現金収入がなかったので、多くの新規酪農参入者は貧しく塗炭の苦しみに耐えなければならなかった。

欧米では一〇〇年単位でゆっくり進められた原野の草地造成を、戦後の酪振法による開拓の場合はかなり性急に未経験の開拓民に草地開発を担わせた。後世この戦後の日本独特の酪農の組み立ては一種の壮大な実験だったと評価されるかもしれないが、しかしその実験で生き残った人もいるし、そこから脱落した人々も多かったという事実を忘れてはいけない。

だが酪農の原初に立ち返って、牛が原野で自由に振る舞う酪農があってもいいじゃないか、酪農は農耕とは次元の違う営農形態だと腹をくくった人がいた。

山地酪農の実践者斎藤晶

斎藤晶、一九二八（昭和三）年生まれ。

斎藤牧場は北海道旭川空港から車で小一時間ぐらい。平たんな水田地帯から少し丘陵地を上った山あいに、点々とログハウスがあった。

そこに一人の小柄な老人がいて牧場を案内してもらった。小高い丘に登って一望すると、見渡す限りきれいに手入れされたゴルフ場かと見まがうばかりの野芝の丘陵が広がっていた。まるでスイスの丘陵放牧地そのままという景観、これが「山地（やまち）酪農」と呼ばれる放牧形式なのかと一瞬感動する。

斎藤は、「山形県の山村に四男坊として生まれ、ふるさとに居場所なく、一九四七（昭和二二）年、一九歳の独身ながら満州引揚者一二世帯の仲間に入って、旭川神居村に開拓民として入植」と、淡々と話し始めた。

最初は共同開墾でスタートしたが、それぞれの世帯が営農のめどが立つと次々に独立。独身の斎藤だけが最後に残った海抜三八〇㍍、標高差一〇〇㍍の石ころだらけの小山一つあてがわれ、かつ最初の営農資金の助成借入金も背負わされて放り出される。

入植して五年後、同郷山形から妻を得る。だが、傾斜地、クマザサ、潅木（かんぼく）、岩塊の荒れ地。とても夫婦二人の人力で開墾し、客土し、牧草の種をまいて草地をつくるなんてできるものではない。

もはや万策尽きるという段階で、斎藤はこの丘にそびえる一本の木に登ったそうだ。そして四方を眺め、「この山にいる鳥や昆虫たちは、自分で汗水たらして何かをつくるということはない。にもかかわらず、悠々と暮らしている。それは彼らが人間のように自然に立ち向かっていくのではなく、自然に溶け込んでいるからだ。ならば、人間も虫と同じ姿勢で生きていけばいいではないか」。さらに「人間は特別な存在であるという考えを捨て、自分も自然の一つになろう。私には金も力もないけれど、この広大な山の一部に溶け込めばなんとか生き残れるはずだ。自然の中から自分が感じたものを組み立ててみるしか、この苦境を抜け出す方法はないのではないか」と、気が付いた。

百姓とは、一鍬一鍬土を耕し、除草し、種をまき、収穫する者。開拓とはそういうことを真面目にやるという先入観がある。国はそういう人に補助金を出すのが常識。しかし「そうではない方法もあり」ではないかと、斎藤晶は切羽詰まってその結論に達する。

それからの斎藤は、雑草の原野にヤギ、ヒツジを、さらに牛を入れたり、雑草地に牧草の種をまいたり、試行錯誤を重ねる。ただ一貫していることは山の自然を変えないという営農哲学だった。

その結果どんなことがこの山に生じたか。

クマザサや山野草は牛たちがどんどん食べてくれて次第に衰退し、代わりに播種した牧草や日本古来の野芝が生育してきた。それをまた牛たちが食べてくれる。

金も力もないところからスタートしたのだから、牛舎もビニールハウスにした。牛がビニール牛舎に入ると冬でも牛の体温で屋根の雪が解けてつぶれない。多額の投資をしなくても十分に機能発揮できるサイロを手づくりするなど創意に満ちた工夫を積み上げていく。

彼の着眼点が優れているところは、この自然放牧を貫く方式では放牧面積が事業の成否を左右することに最初から気が付いていたことだった。従って基本となる最低飼養頭数と、その頭数を維持するための放牧面積を確保することに経営の努力が傾注された。

最初、一九五八（昭和三三）年は八・五㌶、そこに一〇頭の牛を放牧する。だがその牛たちは搾乳の対象にせず、ひたすら原野の草を食べさせ代わりの草が生えるまで放任する。その間は副業（養鶏・採卵、蔬菜など）から少しでも余剰金が出れば、全て放牧地拡張のために支出するという方針を貫いた。そんなコツコツが、二〇年もすれば数十㌶の見事な草地に変換していく。二五年後の一九八五（昭和六〇）年には借地も含めて一三〇㌶になり、牛は一九〇頭、うち搾乳牛七〇頭になった。

日本人の価値観の中に「土地本位制」という信仰のようなものが根強く残っている。だから、購入にせよ借地にせよこれだけの山林を個人として集約できたということは並大抵ではない。

それに対して斎藤は「人に嫌われないようにすることですよ」と事もなげに答えた。

しかし行政機関や生乳買い上げ先の乳業メーカーなどは、良しあしは別にして自ら構築したシステムに従順でない人を疎外する傾向がある。一種のイジメである。「乳業メーカーの酪農指導員は、周りの酪農家たちに絶対に斎藤のまねはするなよと説いて回っていたそうです」ということだった。

「それでもニュージーランドからロックハート博士が視察に来て、道庁の役人に日本で初めて酪農家らしい営農を見たといってくれたので、それからガラッと態度が変わりましたね」

そりゃそうだろう。ニュージーランドは典型的放牧酪農だから、舎飼いで輸入飼料に依存する日本に多い酪農の形は異端に見えたはず。斎藤牧場に来て「ああ、これはニュージーランドと同じ営農コンセプトだ」と直感したに違いない。

山地酪農とは

斎藤が一九五〇年代にスタートした山間傾斜地への放牧酪農は、現在「山地（やまち）酪農」と呼ばれている。この言葉を提唱したのは、先駆者の猶原恭爾（なおはら　きょうじ）だ。

猶原は一九〇八（明治四一）年岡山県の生まれ。東北大学理学部で植物生態学を学んだ後、資源科学研究所、国立科学博物館植物研究部などに在籍の後、フリーで山地酪農の研究と普及に努める。

猶原は、山地面積七〇％という日本の国土において、いかにして風土に合った酪農を定着させ得るかという観点からその理論と具体的な方策を提案したのである。

提案の動機を、猶原は「開拓農民は多額の国家資金を使い、酪農の適地に入っておりながら、働けど働けど貧乏に苦しみ、離散している。草地の造成改良に莫大（ばくだい）な金が投入されているが、経済効果は上がっていない」と嘆じ、「酪農という産業が、わが国の急傾斜の山地で、経済的に有利に経営できることを実証的に述べよう」と著書『日本の山地酪農』の中で述べている。本書には山地酪農の基本理念とその展開の初期過程の解説、および山地酪農を実際に展開している酪農家の例、中には傾斜四〇～四五度の放牧不可能と思われていたような例も含め紹介されている。

さらに猶原は、各地での講習会や東京農業大学での講習で山地酪農の理念と実践を説いた。

猶原の哲学に感銘を受け、高知県、岩手県、秋田県、群馬県、島根県などにも山地酪農の実践者は広がっていて、また各地に「山地酪農を愛する会」「里山放牧の会」とか「有機農業の会」というような支援団体も立ち上がっている。しかし、日本全体でみればまだまだマイナーな存在だろう。

一九九九（平成一一）年、一般財団法人畜産環境整備機構畜産環境技術研究所の岡田清が「山地酪農の現状と課題」というタイトルで興味深い山地酪農に対する客観的な評価を発表している。

その中で、山地酪農での搾乳量は牧場間の差が大きいが、平均すると年一頭当たり五、二五〇キロ、乳成分については牧場によって夏季高温時に乳脂率、無脂固形分の低下が見られる。さらに国際比較すると、乳量は集約的な管理のアメリカ、カナダ、オランダ、デンマークより低いが、ドイツ、フランス、イギリスと同水準、放牧が主体のオーストラリア、ニュージーランドには大きく上回っているという。

もう一つ、見逃せないのが「経産牛一頭当たりの収入は、山地五二万円、全国平均六六万円と見かけは劣っているように見えるが、家族労働費を計算に入れた支出は、山地四五万円に対し全国平均六五万円と計算され、一頭当たりの収益は山地のほうが六万円ほど上回る」と報告されている。

この報告は、一頭当たりの搾乳量や飼養頭数の規模を追い求めているように感じられる日本酪農の方向とは、ちょっと異なっていて極めて注目すべき示唆を含んでいる。

現今の為替変動や酪農諸外国の経済効率と比較が論議される中、日本の酪農乳業が国際競争にまともに勝負できる力があるのかを考えたとき、多くの酪農家は輸入飼料に依存して確実に生き残れるのか？　国際競争力がある酪農経営とはいかなるものか？　という問いに直面していることと思う。

酪農の価値を生みだす源泉は草地にあるという、デンマーク酪農の思想は本質的に変わってはいない。それは北海道という平地面積の多い風土では成立しやすい考え方だった。しかし都府県のような山地面積の大きい土地柄ではいかにあるべきかという問いに対しては、まだ最適モデルは成立していないように思える。これは日本酪農全体の宿題ではなかろうか。

吉川英治文化賞

旭川の斎藤、本州での猶原。どちらも現在「蹄耕法」とも呼ばれている山地酪農の実践者だが、斎藤は自然に身を委ねるという哲学でその営農を築き上げた人。猶原は欧米の酪農技術をそのまままねるのではなく、日本の風土に根差す実践的な酪農の体系を組み立てた人。

二人の出発点は別々だったが、着想と実行は斎藤が先だ。この二人が、どこかで会って意見を交換した形跡もない。それだけに自身の発想だけで一つの宇宙を築き上げた斎藤の業績はすごいと思わざるを得ない。しかし斎藤が世間から関心を集めるようになるまでに二〇年の年月がかかり、それもニュージーランドから来た外人が褒めてからだった。

一九七四（昭和四九）年北海道産業貢献賞、一九七六（昭和五一）年農林大臣表彰、一九九九（平成一一）年山崎記念農業賞を受賞。

山崎賞とは、農学関係者で組織されている「山崎農学研究所」が、毎年「アカデミズムやジャーナリズムの世界であまり大きく取り上げられていなくても、農業、農村や環境に有意義な活動を行い、成果を上げている個人、団体に対し、正当に評価し今後の励みになるように表彰する」という賞だ。

山崎農業賞での斎藤の受賞理由は、「寒冷地の山よりの複雑な雑木林を、開拓用地として配分を受けてから、穀作などの試行錯誤を経て、自ら見いだした立地に適合した山地酪農を確立された足跡に、自然と人や家畜の共存を通じて、農業の本来の姿を示唆する含蓄がある」というものだった。

そして、二〇一一（平成二三）年第四五回吉川英治文化賞を受賞。この賞の対象者は「日本文化の向上に尽くし、たたえられるべき業績をあげながらも、報われることの少ない人、あるいは団体」ということになっている。

まこと地に足をついて生きている人にとって、この吉川英治文化賞は実に名誉なこと。よくぞ斎藤を取り上げてくれたものだと思う。

山地酪農の実践者たち

草地学者猶原恭爾の志を受け継いで、山地酪農の牧場を経営している酪農家が全国に散らばっている。

それらは、最初から日本の山地酪農という経営を志して山野に入植し牧場を経営する人々が多いという。その意味では旭川の斎藤牧場とはスタートが違っているので当然、牧場成立までの過程にもまた多くの学ぶべきものが山積しているに違いない。

その一人が岩手県田野畑村で山地酪農を実践している吉塚公雄だ。

吉塚は、一九五一(昭和二六)年生まれ、千葉県市川の出身。酪農とは縁もゆかりもない生い立ち。東京農業大学に進学、卒業しての順当な進路はどこかの食品か農業関係の会社勤めであったろう。ところが彼はたまたま東京農大二年在学中に、山地酪農の提唱者猶原恭爾の講演を聞く。吉塚のその後の山地酪農の実践に捧げた数十年間は、その一時間に満たない猶原の講義から受けた一種の霊感のようなものから始まる。

これまで、日本の酪農乳業界で時代の先端を駆け抜けてきた人々を紹介してきた。その中で共通して見られることは、初めの志を掲げて一歩か二歩か踏み出したとき、必ず天恵のように進むべき方向を正しく指示してくれる兆しが現れるようだ。そしてその兆しに波長を合わせられた人だけがその初志貫徹への道を歩くことができたという印象を持つ。

吉塚も東京農大の数年上の先輩だった熊谷隆幸という、やはり猶原の薫陶を受けて岩手県田野畑村で山地酪農を実践しつつあった人を、猶原から紹介してもらえなかったら天恵ともいうべき兆しを見逃したかもしれない。

熊谷は岩手県岩泉町の酪農家の出身。既に猶原の山地酪農の理論を信奉し一九七三(昭和四八)年に牧場を開設していた。そこへ吉塚が大学を一年遅れで卒業し、山地酪農の実践場所を探すことになる。三年間ほどの土地探しの後、一九七七（昭和五二）年、ようやく田野畑村の山林を一〇㌶ほど確保できた。

その原生山林のスタートから、現在のすっかり野芝に覆われた美しい吉塚牧場、放牧地一四㌶、採草地二〇㌶という規模になるまでの日々。

吉塚は、「牧場開設して一〇年間は、電気がなくランプの生活でした」と言う。妻の登志子さんは、千葉県鎌ケ谷の出身。牧場開設後三年目に結婚、合流した。

新婚二人で、ランプしかない掘っ立て小屋で、牛と共に田野畑の山林を開墾していく一〇年間の毎日。吉塚は「家内が来てくれなかったら、私は多分栄養失調で餓死していたかも」と言う。一〇年間ランプしかない夜の生活、それが生活の厳しさを百万の言葉を借りなくても言い尽くしている。

この頃、東京、大阪ではバブル景気に経済界が狂奔していた。

吉塚牧場では自らのプライベートブランドの牛乳を立ち上げている。

一㍑紙パッケージに「岩手田野畑」という冠。さらに「山地酪農で牛乳」という墨跡鮮やかな印刷ロゴ。その上にこの牛乳のつくり手からのメッセージが同じ筆跡で書かれている。

「大自然は厳しい父であり　優しい母であり　田野畑村の　その父と母に頂いた　山地酪農牛乳
心を込めて　お届けできる幸せを　ありがとう」

このメッセージをパッケージに書いている吉塚、熊谷の両家は、田野畑村で自分たちの搾乳量を山地酪農以外の酪農家の生乳と混乳せず、地元の田野畑乳業に委託加工している。

要するに一貫して酪農家として搾乳から製品まで筋を通した生き方を追求していると言える、だからこの人々の手になる牛乳とは、単なる食品から信頼の象徴という存在になっているのだろうと感じる。

猶原は東京農大の教官ではなかった。たまたま熊谷のように猶原に私淑されていた人々が、大学に呼んで話を聞こうと計画した講演会で山地酪農を熱く語り、その聴講生から吉塚が生まれた。

しかしこの時代既に日本の酪農乳業界は、一九七二（昭和四七）年に全農直販が、首都圏で「成分無調整農協牛乳」を登場させ、熾烈（しれつ）な大量集乳、大量加工、大量販売という効率重視への構造変化が進行していた。吉塚が起業する五年前のことだ。

そのような世の中の流れの中、猶原の講演会を聞いた方々のうち、果たしてどれだけの人々が山地放牧酪農の本当の意味を理解していただろうか。それを考えると吉塚、熊谷の二人こそ猶原の志を継いで、日本の風土に根差した酪農の在り方を追い求めている稀有（けう）な人々なのであった。

※猶原恭爾『日本の山地酪農』資源科学研究所（一九六六（昭和四一）年）、岡田清「山地酪農の現状と課題」（『特集　環境にやさしい畜産・山地酪農』畜産コンサルタント、三五巻、一〇号所収、一九九九（平成一一）年）を執筆に当たり参照している。

チーズを学校給食に導入した人

日本人のチーズの消費量

まず、明治以来日本人は一人一年当たり平均何グラムのチーズを消費してきたかを年代別に眺めてみよう。

二〇世紀幕開けの一九〇〇年とは明治三三年である。この年、国民の平均チーズ消費量は一年間に一人当たり一グラムに満たない量でしかなかった。

この時代、チーズを試験的につくってみたという記録は幾つかあるが、産業としてのチーズ生産は全く行われていなかった。だから消費量とは即輸入量であって、その輸入チーズを食べた人々とは日本在住の欧米人か、または日本人でも欧米でチーズを食べた経験があるごく一部の階級の人々だったことだろう。

だがその前年の明治三二年は、東京・銀座の煉瓦（れんが）亭が初めて「トンカツ（当時はポークカツレツ）」をメニューに載せて評判になった年だから、明治維新以降政府が文明開化の旗の下、肉食や乳食の奨励をしたものの、肉食は牛鍋、トンカツと庶民への普及の度合いが順調に進んだが、チーズは食べ物として認知されていなかったことが分かる。

それが一〇〇年後の二〇〇〇（平成一二）年には、年間一人当たりの消費量が二キロを超え、以後二

■日本人のチーズ消費量の変遷（g／人・年）

西暦年	消費量（g）	出来事
1900	(0.9)	輸入品のみ、外国人、海外経験者の消費。
1930～1935	2.7	1932,1933年雪印・明治チーズ生産開始
1950	3.2	戦後からの立ち直り期間
1952	10.0	6Pチーズ回復、ブルー、カッテージ生産開始
1960	60.0	チーズ専門工場の増加、関税特別措置
1963	100.0	実験的に学校給食にチーズ採用
1965	158.0	学校給食用小包装チーズ発売。大幅に採用。
1975	543.0	1970年外資合弁、関税割当制度、個人のチーズ製造
1987	1,000.0	1980年輸入が生産を超える、為替レート145円/$
2000	2,039.0	遂に消費量2キロを超える
2010	2,074.0	消費量は横ばいか？

（農林水産省牛乳乳製品統計、ナチュラルチーズ、プロセスチーズを含む）

〇〇〇年代は二〇一五（平成二七）年には二、三五キロ、二〇一六（平成二八）年には二、五二キロとおおむね二キロ台の微増消費量で推移する。

もちろんこの二キロ超という数字は、チーズそのものを直接食べた量に加えて、レストランのピザやグラタンに、総菜のチーズコロッケやチーズかまぼこに、そしてコンビニサンドイッチでのハムチーズなどに使われた量も全て含まれている。このようにチーズという外来の食べ物が、ほぼ一〇〇年間に国民一人当たりの消費量が二、〇〇〇倍になる変化があったという事実を認識する必要がある。

乳食を伝統的な食文化として守ってきている地域、すなわちヨーロッパから中央アジア、中東アジア、インド、モンゴルなどまで広げると、その地域における典型的なチーズは、それぞれが個性的でかつ歴史的に長い成熟の経過をたどって何千種類ものバリエーションが数えられて現在に至っている。

そういう観点から、日本人がほんの一〇〇年の間にこれほど急速にチーズという異文化の発酵食品を、自国の食生活の中に融合させてきたということは、世界的に極めて珍しい現象だ。チーズに限らず、新しい食文化の変化とは、一種の社会慣習とか価値観の変化だから、必ずその変化を先取りする流行現象とか人材とかがなければ変化は生じない。

その目で再度チーズ消費量変遷の表を眺める。

一九三〇（昭和五）年代、この辺りがどうやら日本人とチーズの出会いの始まりになる。その要因として日本を代表する乳業会社の明治、雪印の二社が、一九二八、三一、三三（昭和三〜八）年と踵（きびす）を接してナチュラルチーズ、プロセスチーズの工業的国内生産を始めたことが挙げられる。東京のデパートでの試食販売からスタートするのだが、「バタくさい」という表現が「おいしくない」ということの代名詞のような庶民感覚の中での出発だったからその販売はイバラの道だった。チーズの風味に対しては「せっけんのような」味という形容詞が使われたのであった。

ただチーズの生産販売の当事者たちは、日本人の健康と体位向上に資する栄養食品を供給するという使命感にあふれていたことは確かで、この時代多くのチーズを使った料理パンフレットなどがつくられたのである。

現代でこそ、フランスから熟度がちょうどいいチーズが空輸されてきて、時には東京で食べる方がパリで食べるよりおいしいチーズが食べられるようになったが、昭和初期の日本、デパートですら冷蔵庫がないのが当たり前、ましてや町中の食品店の店頭という条件下で販売しなければならなかった。

その販売環境のため日本のチーズは、広いアメリカの国土で流通できるように、米国人クラフトによって二〇世紀初頭に開発され企業化された、賞味期限が長くかつ常温でも流通可能なプロセスチーズの生産販売からスタートしたのであった。

次に一九五〇年代すなわち第二次大戦後に、一人当たりの消費量が年間一〇グラム台に上がる。これを促進したのが戦後の栄養改善運動で、明治維新のときと同じようにアメリカに追い付けというセンス、さらに「コメを食べると頭が悪くなる」といった怪学説などがまかり通って、コメ食からパン食へ切り替えようという宣伝が行われた時代だった。そして消費の方向が明確に右肩上がりになり、乳業メーカーはこの上向き消費に対応するため生産の拡大に励んだ。

チーズの消費量が一九六〇年代に入って、もう一桁上がり一〇〇グラム台に入るのは、全国的に学校給食のメニューにチーズが採用されたことが原動力になっている。

学校給食は戦後いち早く一九四七（昭和二二）年に始まり、よく話題になる「あのまずかった脱脂粉乳」という話もあるが、戦後の日本人学童の栄養状態を救った重要な事業だった。その後一九五四（昭和二九）年ごろから部分的に普通の市販用牛乳に切り替えられ、一九六五（昭和四〇）年には完全に普通牛乳に切り替わった。そして一九六二（昭和三七）年には試験的に学校給食メニューにチーズを導入しようという実験が始まった。

だから六〇年代というのは、いわば日本の学校給食メニュー変革の年代であった。

一人のフロントランナー

先ほど「新しい食文化の変化とは、一種の社会慣習とか価値観の変化だから、必ずその変化を先取りする流行現象とか人材とかがなければ変化は生じない」と述べた。

そのような時代を先取りする人が必ずしも成功するとは限らないが、しかし時代がそれを要求している限り引き続きその文化や事業にリスクがあっても、社会に受け入れられる形に組み立てる人が必ず現れる。その成功を見てから柳の下の二匹目を狙ってまねをする人が続いて出てきて新しい世界が確立するのである。

ここで、このチーズと学校給食を結び付けた一人の男、あえてフロントランナーと呼ぶにふさわしい男を取り上げる。

有吉義一だ。簡単にプロフィルを紹介しよう。

有吉は一九〇九(明治四二)年大阪に生まれた。従ってこの学校給食変革の一九六〇年代というのは彼の五〇歳代の出来事になる。

有吉家は代々山口県萩藩の士族だった。幕末の萩藩士に有吉熊次郎という人がいて、松下村塾門下生になっている。また幕末の奇兵隊創設時のメンバーでもあった家柄だったらしい。

チーズの学校給食導入に尽力した有吉義一

有吉義一の父政次郎は、明治維新を担った人々の次の世代になる。維新後大阪に移住、当時流行した士族から牧畜業へ転身した人々の一人であって「有吉牧場」を創設する。この時期、牧畜業は時代の先端を行く業種であったので、萩出身の後輩たちや親戚にも有吉家の薫陶を受けた人々が多く、後に大阪における乳業界の一勢力になったと伝えられている。

ただし義一は、この牧場を単に相続することをせず、一九二九（昭和四）年二〇歳のとき独力で牛乳処理販売の店舗を構えた。このような義一の独立志向の気質が、その後の生涯にフロントランナーとして先端を走る原動力になったように感じる。

彼の学校給食への関与は戦前からのことであったという。

すなわち一九三五（昭和一〇）年に、大阪において明治製菓の乳業部門（一九四〇（昭和一五）年に明治乳業が設立されるまで、乳業部門は明治製菓に属していた）と「明治学乳振興会」という組合を設立しその代表者になる。そして始めたのが「学童用低温殺菌牛乳」の流通であった。

この大阪における学童牛乳の流通は、恐らく日本における小学校での牛乳飲用ルートを開いた最初の試みであった。だが試みは、単に義一個人の思いつきや事業拡大のためといった発想ではなく、当時大阪商工会議所会頭であった杉道助（祖父は吉田松陰の兄）らに支援されて、学童の栄養・健康に資するためという明確な志から発した行動だったということは銘記していい。

この事業そのものは先見性の一例だが、このときから義一の全ての事業コンセプトは、学童の栄養、体位向上のための業態開発や起業に集中する。

そして第二次大戦は日本の敗戦をもって終わった。その時、有吉は三九歳。有吉は一九四一（昭和一六）年ごろから終戦を挟んで、カルピス食品工業との提携で開発した乳飲料「ビタミンカルピス」を学童に供給する事業を細々と継続してきたが、一九四九（昭和二四）年にこれを「学童用ビタミンカルピス」と改名しその製造工場まで立ち上げた。

このころから有吉の行動は、先駆者的な理想主義から次第に事業を社会的に認知させ、かつ時代の要求を引き出すことができるようなシステムの導入に注力するようになる。

たとえば、「学童用ビタミンカルピス」をＧＨＱ（連合国進駐軍総司令部）の学校給食システムに紛れ込ませてしまうとか、厚生省が公布した「栄養改善法」に規定された特殊栄養食品の表示を認可させるとか、さらにこの製品を学校給食目的で購入する場合は免税にさせるなど、日本政府の全面的な認知に向けての行動が続けられる。

このような実績の積み重ねは、単なるフロントランナーとしての発想を超えて、さらに一段高次元の行動、すなわち新しい社会システムをつくり上げるイノベーター（革新者）への道に結び付くのであった。

しかし有吉の学校給食改善の志が決定的に軌道に乗り始めるのは、雪印乳業の副社長であった瀬尾俊三に出会ってからではないかと推察する。おそらく一九五五（昭和三〇）年前後のことであったろう。

このころ、雪印は戦後の栄養改善運動の波に乗って、バター、チーズ、マーガリンなどの販売が好調であったことに加えて、東京に進出した市乳事業の展開に精力的に企業の総力を挙げていた。瀬尾はその営業部門のトップとして采配を振るっていた時代である。

そこに瀬尾が有吉から、「これからの日本は、学童の栄養・健康・体位向上に、業界こぞって努力しなければなりませんよ」と情熱を持って説かれれば、「よし！　話に乗ろうか」という成り行きになる。

この昭和三〇年代という時代は、「もはや戦後ではない」という世情の勢いがあって、全て右肩上がりの社会経済情勢だった。

ここで有吉のビジネスセンスがさえる手を次々に繰りだす。

雪印との一対一のビジネス関係を強固にするために、新たにＳＮ食品研究所という学校給食の食材のみを営業品目にする新会社を設立した。そしてこの会社の取引先は雪印一社のみに限る。すなわち雪印専属の販売会社にすると決断したのであった。

この社名にあるSNという頭文字は、スクールのS、ニュートリションのNだから、有吉の初志をそのまま表現したものといえるだろう。

この新しいチャネルは、新しく開発された学校給食という食の場に、適時適切な食材を流通するという時代の要請に完全に対応しているだけでなく、それまで国分商店や明治屋のような大手食品問屋にバター、チーズの流通を依存していた雪印にとって、全国に分散している小中学校の現場に直結する流通チャネルが手に入るのは願ってもないことでもあった。

最初の仕事は、学校給食のコッペパンにつけるマーガリン「雪印ミネマリン（商品名）」の全国発売。そのほか幾つかの細かい取り扱い食品もあったが、有吉が学童栄養の向上を志して、それを具体化し得る事業を健全に発展させるために打った次の手とは、「学校給食研究改善協会」の設立であった。一九六〇（昭和三五）年のこと。この協会は二年後に文部省から財団法人の認可を受ける。

このようにして次第に事業としての天の時、地の利、人の和が整ってくるのであった。

学校給食専用の一〇《グラム》チーズ

この昭和三〇年代になると、学校給食メニューにチーズをという論議が芽生え始める。

そこで一九六二（昭和三七）年に、学校給食メニューにチーズを導入する実験が始まった。

このときはオーストラリアから一〇《トン》の原料チーズを輸入し、乳業四社で分け合ってプロセスチーズに加工して学校給食用に提供した。学校の調理室で、大きなブロック状のプロセスチーズを給食の先生たちが、一〇㌘のサイズに切り分けて教室に運んだのだった。

このころ給食のパンに添えるマーガリンやジャムについては小包装が既に完成していて、教室での分配作業は簡単だった。しかしチーズ給食を実施するには、チーズの切り分け作業が必要なので調理室の作業負荷から無理だという意見が出てきた。当然、学校給食にチーズを採用するためには乗り越えなければならない壁であった。

そこで有吉は、学校給食用にチーズを提供するためには、どうしてもチーズを小包装にすることが必要だと実現への模索を始める。

幾つかの乳業メーカーに話を持ち掛けた。だがいずれも小型包装機の投資金額が大きく、二の足を踏む。そこで頼みの綱、雪印副社長の瀬尾に「なんとかならんもんですか？」と相談を持ちかける。瀬尾の方は、まだ浅い付き合いながら有吉の事業センスと行動力に一目も二目も置いていたし、また学童の健康第一という志は共通していたから、「たとえ多額の設備投資であっても、将来の消費者を育てる、日本国民の体位向上につながると考えれば安いものです」と説かれると、「よっしゃ、なんとかしよう」となった。

当時の装置技術で、一〇㌘程度の少量のプロセスチーズをアルミ包装できる機械メーカーは、スイスのクストナー社しかなかった。機械代金一台一、〇〇〇万円の投資はともかくとして、まずは至急に発注して稼働させようとなった。

第一号製品が雪印のプロセスチーズ工場で誕生したのが一九六五（昭和四〇）年一〇月。この学校給食用の一個一〇㌘という小型チーズは、「キャンペーン・チーズ」とネーミングされた。その心は「国を挙げて子どもの健康と体位向上を目指すキャンペーン」というスローガンだったらしい。

その小包装による取り扱いやすさに助けられて、学校給食のメニューにチーズが全国的に採用され始める。それが一九六〇年代の日本人のチーズの一人当たり年間消費量一〇〇㌘程度から五〇㌘ほど押し上げ一五〇㌘にまで、さらに一挙に二〇〇～三〇〇㌘へ押し上げる原動力になった。

これには、そのような一つの食べ物があるとき消費量が増加したという現象だけではなく、日本人の食文化の変遷という観点から見ればかなり大きな示唆を含んでいる。

すなわち「食の嗜好（しこう）は、食経験の蓄積によってのみ育まれる。食経験の蓄積を示す尺度とは、喫食頻度の歴史的長さとその量。従って食経験の積み重ねがないところに食文化は生まれない」と定義できるだろう。

その食経験の蓄積は、幼少時からスタートする食経験が最も形成されやすい。その視点から学校給食という場で学童が一緒にチーズを食べる習慣が養われたことが、その後の日本人のチーズ食文化を定着させる上で最も重要なことになるのである。

そのような食の経過を経て、日本社会がその後の為替レートの変化とか、エスニックブームの到来といった、チーズ消費に有利な社会経済情勢の変化に遭遇したとき柔軟に反応してチーズの消費量が倍増し、さらに一桁上がって一キロ台になり、二一世紀に入ると二キロ台に安定して、デパ地下の大きなチーズショップに客が絶えず、スーパーにも輸入チーズの売り場があるのは当たり前という現代の風景につながる。

これは日本人の食文化史上注目しなければならない現象で、数十年かかった一種の食の革命だったと断言していい。その基盤の一つを担ったのが、一〇グラム包装の学童給食用チーズ、商品名「キャンペーン・チーズ」だったのである。

有吉は一九七二（昭和四七）年、「永年にわたる学校給食への功績」により藍綬褒章を受章、そしてその七年後、一九七九（昭和五四）年八月一六日、享年七〇歳にて永眠した。

一つの時代をつくった人であった。

※串間務『まぼろし小学校ものへん』ちくま文庫、ならびに有吉義一の三女、中村信子氏より提供いただいた資料を、執筆の際に参考とした。

チーズ流通の先駆者たち

「チーズの日」の制定

一九八七（昭和六二）年一二月二二日、NHKのラジオ番組「食べ物アラカルト　チーズ」で、松平博雄と対談する機会があった。輸入ナチュラルチーズが目覚ましく普及し始めた頃で、それが時代の先端を行く食のファッションとして取り上げられたのであった。

ナチュラルチーズ輸入の先駆者松平博雄

戦後のナチュラルチーズ輸入の先駆けは、GHQ（連合国進駐軍総司令部）向けに輸入したチーズが納入検査で不合格になった場合、その品群を送り返すことなく日本国内向けに販売することが認められたからであった。松平は不合格品の国内流通でこの世界に入り、ラジオ番組収録当時は欧米からナチュラルチーズを輸入販売するチェスコ株式会社の経営者だった。

「仕事を始めた頃は、チーズの仕入れといっても不合格品のみの仕入れで、GHQ検査官の判定がプラスと出るかマイナスと出るかで、商売ができたりできなかったりで、毎週ハラハラドキドキの連続だった」というような話をされた。

数年後、日本輸入チーズ普及協会会長を兼務していた松平から突然電話が入った。「チーズ消費拡大のためのイベントを何か企画しようということになっているのでちょっと知恵を貸してほしい」と言う。聞けば、輸入チーズ業者だけではなく、大手乳業会社も加わった業界合同してのイベントだという。

「それならこの際公式な『チーズの日』を制定して、大規模な啓蒙（けいもう）イベントやフードショーなどをやったら」、「じゃあ、何月何日をチーズの日にしたらいいか」ということになった。

日本には、奈良・平安時代に大陸からの渡来民がつくった「蘇（そ）」と呼ばれる幻の乳製品があったことは歴史家の中では知られていた。その証拠に、奈良平城宮跡から「近江国　生蘇　三合」という記載がある木簡が発掘されているし、また平安時代に編さんされた『延喜式』という政令集に、「蘇のつくり方は、牛乳一斗を煎じて　蘇一升を得る」という記録まで残っていて、これは古代のチーズだということが定説になっている。

さらにこの蘇なる乳製品は「貢蘇」と呼ばれる朝廷への貢ぎ物であって、北は常陸国（栃木県）から南は大宰府（福岡県）まで全国四七カ国から、交代に朝廷の典薬寮（現代的に言えば厚生労働省の薬務担当部署）に納入したという記録も残っている。

記念日なら単なる語呂合わせではなく、このように古代ロマンを誘う蘇に関連した記念日にしようとなって、記録に残っている蘇に関する最古の文書の『右宮史記』に、西暦七〇〇（文武天皇四）年一〇月に「遣使造蘇（蘇をつくらせるよう使いを出しなさい）」という勅令が出たという記録に準拠することにした。この一〇月は新暦に直すと一一月だから、ここで日本のチーズの日は一一月一一日に決まった。

それから松平の実現への奮闘。それが実を結んで二年後、一九九二（平成四）年の一一月一一日に、第一回チーズの日のイベント「チーズフェスタ一九九二」が青山スパイラルホールで華々しく幕を開けた。それ以来毎年チーズフェスタが都内会場で開催され、現在発足以来既に二〇年を超えた。

松平博雄のキャリア

松平は一九二二（大正一一）年長野県長野市の生まれ。早稲田大学商学部を卒業したのが終戦直前の一九四四（昭和一九）年。混沌（こんとん）とした時代だった。

一九四九（昭和二四）年、その前年に米国進駐軍やその家族への物資を独占的に輸入する目的で設立された、外資系のウイリアムズ・インターナショナル社に入社する。

入社して二年目に米軍検査官によって、輸入ブルーチーズが米軍への納入を拒否される事件に直面する。その不合格チーズを廃棄するわけにもいかず、なんとか日本国内に売りさばくために彼は孤軍奮闘し、なんとかやり遂げる。これを契機としてこの会社は、米国進駐軍向けに輸入したチーズが納入検査で不合格になった場合、その不合格品を送り返すことなく日本国内向けに販売するというビジネスを加えた。

この経験が、後に彼が独立してチーズ専門輸入商社を設立することにつながるのだから、運命のサイコロはどこに転がっているか分からない。

その後幾つかの紆余（うよ）曲折を経てウイリアムズ社の雇われ社長を卒業し、ようやく三菱商事、雪印乳業からの出資を受けて、自前のかつ日本で初めてのチーズ専門輸入商社、チェスコ株式会社を発足させた。

このビジネスに飛び込んでから二一年目、一九七〇（昭和四五）年七月一〇日のことだった。

このチェスコの創業が戦後の日本で初めてのチーズ専門輸入商社かというと、他に大阪に世界チーズ商会（一九六五（昭和四〇）年創立）があり、また数年後に東京デーリー（一九七三（昭和四八）年創立）も事業を始めたが、この時期はチーズ輸入の草創期といっていい。

チェスコには普通の商社と一味違った独自性がある。単にビジネス規模の拡大だけではなくチーズ食文化の啓蒙（けいもう）という方向に努力することだった。この時代は取引先といってもまだチーズへの理解が不十分な人々が相手だったので、チーズ輸出国への研修旅行、国内でのチーズ講習、レストラン、料理学校への啓蒙活動など、海外の政府機関の協力を得ながら精力的な活動を展開する。

だから、その功績で松平に各国から与えられた数々の賞、称号などは数多く、当時としては国内で比較できる人がいなかったほどだった。

フランス・ガストロノミー協会から「チーズのエキスパート」(一九七七(昭和五二)年)、フランス・デュクソン協会から「ギルド・デ・エキスパート」(一九七八(昭和五三)年)、フランス政府から「農事功労賞」(一九八三(昭和五八)年)、デンマークチーズ協会から「ゴールデンメンバー賞」(一九八四(昭和五九)年)、フランスチーズ鑑評騎士の会から「シュヴァリエ」(一九八四(昭和五九)年)などなど。そのほとんどは戦後日本人に与えられた第一号であった。

このような、他国からの称号の叙任や授賞は、松平のプロとしての力量に対する尊敬の反映だから、日本社会の国際化の過程で示された松平の実力の確かさを感じさせる。

チーズ&ワインアカデミー東京

松平がビジネス以外に兼務した公的な仕事に、「チーズ&ワインアカデミー東京」初代校長(一九八九(平成元)年)、「日本輸入チーズ普及協会」初代会長(一九九〇(平成二)年)、「フランスチーズ鑑評騎士の会東京支部」初代支部長(一九九一(平成三)年)、「チーズの日」制定(一九九二(平成四)年)、「第一回オールジャパン・ナチュラルチーズコンテスト」初回審査委員長(一九九八(平成一〇)年)などなど。そしてこれらの社外役職が全て初代というところに注目してほしい。業界自体が新しいのだから、そのリーダーという立場はさらにその先をいくパイオニアでなければ務まらない。そしてこれらの公的な職務がいずれも啓蒙的な色合いの濃い仕事だったということも特筆すべきだ。

その典型的なものの一つが、「チーズ＆ワインアカデミー東京」。日本で初めて開校されたチーズとワインをテーマにした教養講座だった。

このスクールの講師陣は松平校長はじめ栄養学の東畑朝子、チーズ学の鴇田文三郎教授（故人）、など当代一流の人物だったし、使用されたオリジナルテキストは今でも新鮮さを失っていない。

このテキストで採用されたチーズのタイプ別六分類、すなわち「フレッシュ」「白カビ」「青カビ」「シェーブル」「セミハード」「ハード」という分類は、松平の考案による日本で初めて提唱されたチーズのタイプ分類である。チーズ研究者から見ると意見はいろいろあるようだが、日本の消費の実態に配慮した分類で現在でも業界のスタンダードになっている。

このスクールは二〇〇二（平成一四）年に閉校するまで、受講者は実に二万三、〇〇〇人を超えた。

フランスチーズ鑑評騎士の会

もう一つ松平でなくてはできなかった日本のチーズ食文化に対する大きな貢献がある。それは「フランスチーズ鑑評騎士の会」日本支部の設立だ。

母体のフランス本部の創立は一九五四（昭和二九）年。フランスの伝統的チーズ文化を伝承するチーズ製造・販売に携わる人々の保護団体として発足した。なかでも消費者に近い立場の小売業者に対して細心の配慮をする一方で、会員には志を同じくするチーズ食文化を継承するレストラン経営者、食の文化人などにも門戸を広げていわば応援団を形づくろうという組織でもある。フランスチーズ鑑評騎士の会は、フランスのほかベルギー、ブラジルなど世界二〇カ国に会員を擁している。

日本支部は当時のアンドレ・デュクー本部会長の推奨を受けて、一九九一（平成三）年四月二三日デュクー会長臨席の下に帝国ホテルで創立発足式を挙げた。初代支部長が松平、第二代支部長には江上栄子が叙任している。

松平初代支部長が亡くなった後、騎士の会日本支部は創立者の功績をたたえて二〇〇二（平成一四）年「松平賞」を創設した。この賞は、フランスチーズの啓蒙・普及に過去・現在を問わず功績のあった人を顕彰するために創設された。現在までの受賞者は、初回受賞の松木脩司（故人）をはじめ、村山重信、諏訪勇、東畑朝子、本間るみ子、谷本義信、中村勝宏、森克明など、日本のチーズ食文化の普及に第一線で活躍している著名人として誰もが疑わない人たちだ。

このように「フランスチーズ鑑評騎士の会」という存在は、チーズという国際的な規模で流通している食品が、物流だけでなく情報や文化の交流という形で提供される場であるところに意義があり、その会の日本における導入の道案内をした松平の功績が有意義なのである。

実際に現代日本のチーズ食文化の啓蒙と発展の第一線で活躍している人々の多くは、松平によって発芽し花開いたことを忘れるわけにはいかない。彼の足跡をたどっていくと、彼が実に私心なく日本にチーズ食文化の定着を願い、そのための布石を着実に打ってきたことが見えて感動を覚える。

松平は二〇〇五（平成一七）年八月二五日に八三歳で逝去した。

松平の弟子二人

松平は戦後のチーズ輸入業界のパイオニアとしての仕事を全うしながら上手に人を育てた。その中で二人の弟子が松平の遺産を引き継ぎ発展させている。

村山重信。チェスコ創業の翌年一九七一（昭和四六）年に入社。チェスコ営業の第一期生だった。村山の若き日の奮闘記録は、『チーズの魅力とともに三〇年』（チェスコ株式会社）というチェスコの社史に詳しいが、一言でいえば誠心誠意の人柄と行動力で駆け抜けた日々だった。村山はヴァランセー（原宿）やブリア・サヴァラン（お台場）などのチェスコ直営チーズショップの展開の先兵だった。特にヴァランセーでは、店内に三種の温度・湿度をコントロールできるチーズ熟成室を備え、日本で最初の最適熟度のチーズを販売できる施設をつくった。

村山は二〇〇四（平成一六）年に取締役としてチェスコを定年退職したが、彼のキャリア上の数々の栄誉は、このような現場的経歴が基礎になっている。日本人として初のＯＮＡＦ（イタリア国立チーズ鑑評協会）からの名誉マエストロ認定、フランスチーズ鑑評騎士の会グランオフィシェのほか、アメリカをはじめ、多くの国内外でのチーズ鑑評のエキスパートとしての称号、そして審査員の委嘱を受けるという経歴を築いている。著書も多い。

もう一人は、株式会社フェルミエの社長だった本間るみ子。

本間は一九七七（昭和五二）年チェスコ入社。九年間松平と一緒に働いた後チェスコを退社し一九八六（昭和六一）年三月、一人で社長兼掃除婦というナチュラルチーズを輸入するフェルミエを立ち上げた。青山学院大学の近くに間口一間ほどの小さな店を構えたのだった。

本間のパイオニア的な卓越さは、ことによると松平を超えるかもしれない。というのはそれまでのチーズ輸入業界は、既存の商社ルートまたは輸出国貿易振興情報に依存して、無難な品ぞろえに安住していた。それに対して、本間は自分自身で「フェルミエ（手づくり農家）」の軒先にまで出掛け、つくり手と語り、品質を確かめ自ら確信を持てる銘柄を輸入した。多くはそれが日本初登場というケースだったが、ともかく果敢にフェルミエという社名にふさわしい品質を追いかけるという経営姿勢を貫いた。

本間の業績に関しては、一九八八（昭和六三）年にフランスチーズ鑑評騎士の会よりオフィシエ、二〇〇二（平成一四）年にグランオフィシエに昇格。一九九七（平成九）年フランス国際農業祭コンクールチーズ部門審査員、一九九九（平成一一）年フランス政府から農事功労章叙勲。二〇〇一（平成一三）年にフランスのチーズプロフェッショナル集団「ギルド・デ・フロマージュ協会」よりギルド・エ・ジュレ受賞。二〇一四（平成二六）年にはフランス政府より国家功労章叙勲と、輝かしい栄誉に浴している。

加えて本間は文筆に才があり、フェルミェのメルマガ（週刊）は、毎号本間の執筆連載「本間るみ子の美味（おい）しいもの日記」が目玉で二〇一七（平成二九）年現在一四五〇号を超える。またフェルミェの通販会員中心に配布されている月刊「フェルミェ通信」は、一八ページ立てカラー写真の美しい冊子。今年で通算三三〇号を超える。毎号巻頭のワールドリポートは本間の執筆だ。チーズ関係の著書も多く一〇冊以上は出版されているだろう。

本間は、創立三〇周年を契機に社員七〇人を超える企業にまで育てたフェルミェの経営から身を引き、対外活動に時間を割くことができるようになったが、輸入チーズ・食材類約四七〇品目、国内仕入れチーズ・食材類約二四〇品目など、かつこれらの品目の多くが日本初輸入といわれる開発的な品ぞろえであり、また国内の若いチーズづくりへの支援など、松平のパイオニアDNAを背負って生きてきたというにふさわしい女性だ。

CPAとナチュラルチーズコンテスト

だが、前記二人のパイオニア的な事業として特筆すべきなのは、日本チーズプロフェッショナル協会（略称CPA）の立ち上げとその画期的な運営ではなかろうか。取りあえず何が画期的かを簡単に述べる。

設立は二〇〇〇（平成一二）年一月。初代会長が村山、副会長が本間の二人。

この協会の会誌創刊号には、設立の趣旨として「ここ二、三年来チーズブームと呼ぶべき状況が到来したが、チーズの歴史の浅いわが国では、チーズに関する正しい知識や技術を身につけた人はまだ少なく、販売やサービスの現場からそうした人材の早期育成が望まれ、また消費者側からも店頭で適切なアドバイスができる専門技術者が望まれている」と述べ、「チーズのプロフェッショナルと連携し、公正で普遍性の高い資格を設定し、チーズに携わる人たちの地位向上を図る」ことを事業目的にした。

CPAでは毎年チーズ知識の基本講習会、チーズプロフェッショナル資格認定試験を全国五都市で実施している。これまで検定試験を受けてチーズプロフェッショナルと呼称する資格を認定された人は二〇一六（平成二八）年時点で二、八四〇人に達している。当初想定していた店頭で消費者に対して適切にチーズに関する知識をアドバイスする人材育成の範囲を超え、いわばチーズに関する教養講座の様相を呈していると言えそうである。

現在、活動はさらに広範囲に及び、チーズの展示即売イベント「日本の銘チーズ百選」、海外研修旅行、チーズプロフェッショナル認定者の上級クラス検定、地域でのチーズ応援団「コムラード・オブ・チーズ」の創設など多岐にわたっている。

さらに、CPAは二〇一四（平成二六）年から隔年で全国の手づくりチーズ農家を対象にしたナチュラルチーズコンテスト「ジャパン・チーズ・アワード」をスタートさせ、第一回は六一工房、一一八品目が参加、第二回の二〇一六（平成二八）年には同じく六一工房、一八一品目が参加した。

この国産ナチュラルチーズコンテストの開催は、一般社団法人中央酪農会議主催「オールジャパン・ナチュラルチーズコンテスト」の方が先輩で、第一回が一九九八（平成一〇）年、第二回の一九九九（平成一一）年から隔年開催になっている。毎回最低五〇工房、一〇〇品目以上の出品があり、わが国の若いチーズづくり農家の励みになっている。ちなみに最近の二〇一五（平成二七）年のコンテストには、六六工房、一四八品目が参加した。

このコンテストは当時、中央酪農会議の総合対策課長だった前田浩史（現・一般社団法人Jミルク専務理事）が、次第に増え始めた手づくりチーズ農家の技術水準の向上と事業支援を目的として推進した事業で、わが国においてこれまで農家間での品評会など全く行われていなかった中で、極めて大きな効果を上げた催しになった。

中央酪農会議とCPAの二つのコンテストには、多少の性格の違いがあって中央酪農会議の方は少数の専門家の評価、CPAは流通・消費の立場の人々も交えての評価である。いずれにせよまだ歴史の浅いわが国のチーズづくりに携わる人々にとって、このような場で自分の作品が比較評価されるということは、孤独で試行錯誤しながら歩いてきた道に、一つの明るい道しるべを示すようなものである。その一つの表れは、近年の日本製ナチュラルチーズの品質が、海外のそれよりも高い評価を受けるものが出てきて、今後のチーズ流通のグローバル化への一歩を踏みだし始めたように感じられることだ。

たとえばCPAの「ジャパン・チーズ・アワード」で金賞を受賞したチーズを、フランスのトゥールで行われた「モンディアル・デュ・フロマージュ」（現在、世界最高水準のコンテスト）に出品。エントリーした一一工房二八品目中、スーパー金賞二品、金賞四品、銀賞一品、銅賞五品という結果を獲得している。

現在CPAの会長は初代村山から本間に代わっているが、ますます活発な活動を続けていて、このCPAの活動こそが松平が志した日本の乳食文化の啓蒙普及に貢献する大きな遺産になったといって過言ではない。

初代農家チーズづくりの三人

積丹半島の「カレ」

「カレ」というナチュラルチーズを初めて見たのは、札幌の大手デパート「丸井今井」の地下食品売り場、確か一九七七（昭和五二）年のことだった。「カレ」というフランス語は「四角」という意味。そのチーズは四角い折箱に入った四角い白カビ系のチーズだった。

日本最初のフェルミェ農家西村公祐ご夫妻

製造者の表示は、北海道後志管内岩内（現・共和町）の「北海道クレイル」という会社。当時の日本のチーズ市場には大手乳業各社のプロセスチーズしかほぼ並んでいないから、個人のナチュラルチーズづくりが販売しているというのは、すごい冒険ではないかと感動したものだった。

その「カレ」をつくっていた人とは、フランスでチーズづくりを学んだ西村公祐。北海道、いや日本で初めて個人のフェルミェ（手づくりチーズ農家）を創業した人だった。

しかし、実際に会っていろいろな話を聞けたのは、それから三〇年も後の二〇一二（平成二四）年になってからだった。

西村公祐、一九四五（昭和二〇）年八月二四日東京の生まれ。

父の西村計雄は著名な洋画家で、岩内郡小沢村（現・共和町）の出身。

当人は、小柄で痩身。至って内気、決して威張ったり、自慢したり、人を陥れるような雰囲気の全くない人柄。初対面で、ああ、典型的な職人肌だなと感じさせる。

父計雄がフランスへ移住した後、数年間東京に残り義務教育の中学だけは済ませてから後を追って渡仏、一家に合流してフランスでの生活を楽しむ。

しかしその年齢になれば、自分の人生の針路をどう取るかということになる。

彼は、ブザンソンのマミロールにあるＥＮＩＬ（国立乳製品専門学校）に入る。この学校にはその後チーズづくりを学びに多くの日本人が留学するが、多分この年代で入学したのは日本人として初めてではなかろうか。

ちなみに、クレイルという社名はフランス語で「光」という意味で、西村がＥＮＩＬに在学していたときのニックネームだったそうだ。

フランスという国は日本や米国に比べると結構厳しい階級社会で、芸術家や手に職を持った人なら外国人でも丁寧にもてなすが、文系の行政、企業などの地位に就こうとするのは簡単ではない。恐らく父はそれを察して、ソルボンヌやエコールノルマルのような一般大学よりも、チーズづくりのコースを奨めたのではなかろうか。

二六歳のとき、修業を終えて単身帰国する。日本の乳業を知ろうと明治乳業（豊島工場）で二年間ほど実習する。

彼には、父の知り合いの応援団がたくさんいて陰ながら道をつくってくれていた。帰国後も東大の発酵学の権威の坂口謹一郎教授が、後輩の東大発酵学の有馬啓教授に口添えを頼んでいたらしい。西村が言うには、「有馬先生は、日本でチーズづくり？　やめた方がいいんじゃないの」といさめたという。その時代、手づくりのナチュラルチーズを売るというのは、時期尚早なのではないかと危惧されたのであろうか。

しかし彼は、ついに父祖の地、岩内郡小沢村に移住し、二九歳にして日本最初の手づくりチーズの工房を立ち上げる。一九七五（昭和五〇）年のことだった。

最初の原料乳量は一日当たり二斗缶一本（三六リットル）から始める。

近くに三田牧場があって、そこにはエアシャー牛が六、七〇頭ほどいたので、その原料乳でチーズをつくるところから始めたのだが、カマンベールをつくるようになって原料乳量も増えて、三田牧場だけでは足りなくなって、近くの黒松内酪農協からホルスタイン乳を供給してもらうようにした。

「カレ」というチーズは、勉強したブザンソン近くのロアール地域でつくられているカマンベールタイプのチーズで、四角に成型するので「カレ」と呼ばれている。西村は学校で習って手慣れたチーズの製造から始めたという。

一九七〇年代の先駆者たち

西村がチーズをつくり始めた頃、北海道内でチーズをつくっている工場は雪印乳業の遠浅工場ほか数カ所。いずれも企業経営の工場ばかりでナチュラルチーズは雪印だけであった。

何事にしても創始者というのは、全て手探りで、自分で考え、自分で決めて、自分で手を下し、その結果を自分が背負わねばならない人のこと。失敗して沈む人もいれば、なんとかはい上がる人もいる。いずれにせよ誰もが、全く孤独な道を歩む日々を過ごさなければならない。

ようやく同業者らしい人々が現れ始めたのは二年後の一九七七（昭和五二）年。檜山管内瀬棚町（現・せたな町）でチーズづくりを始めた近藤恭敬、そして一九七九（昭和五四）年に空知管内芦別市でソフトチーズをつくり始めた横市秀夫の二人だった。

互いに疑問をぶつけ合ったり、励まし合ったりという仲間ができることは、孤独な生業の日々に光をもたらすものだ。実際に西村はこの仲間たちが心の支えになったという。ただその三人のうちデンマークで修業しハード系のチーズづくりに情熱を傾けていた近藤が亡くなり、創業時の仲間は現在二人きりになってしまった。

ところでその時代、積丹半島の共和町のような片田舎で、こつこつチーズをつくって、いったいどうやって売りさばいたのだろうか、という疑問が生じる。

西村の場合、ほとんど人づての口コミで販路を広げていく通信販売から始めた。まだ宅配便が創業していない年代、現代のような通販システムが完成していない時代である。注文は電話かはがきで受け、チーズは小包にして郵便局まで持っていって送る、といった手間のかかる時代だった。そういう売り方が唯一頼りになる売上高になるのだから、何千人か、何万人かのお得意様名簿がつくれるかどうかが販売成功かどうかの分かれ目になる。

その点、西村は口コミのお客様には恵まれたという。中でも作家の開高健やタレントの永六輔のような著名人にひいきにしてもらって、お客さんの輪が広がったのが有難かったという。

開高健が、初めて西村の「カレ」に出会って、その感動を早速手紙にして西村に送った。その直筆文面を許可を得て紹介する。

開高健の手紙

西村公祐様

私は一人の小説家にすぎませんが、たまたま友人の一人にあなたのチーズをもらい、感嘆しました。みごとな出来です。ずいぶんいろいろな国でいろいろなチーズを食べてきましたが、これは抜群です。

好みによってはもう一味か半味、コクがほしいという人もおるでしょう。しかし、そうなると、日本人向きでなくなるかもしれません。いまのままの上品さ、軽快さ、澄明をしばらくつづけられるのがいいでしょう。

いずれこのチーズはヒットするし、有名になることでしょう。しかし、そうなっても頑強不屈に味を守りぬいて下さい。志を守りぬいて下さい。

開高　健

この葉書、創業して三年目あたりにいただいたものだという。ただその折、彼は開高健が中央文壇の先端を行く小説家だったとは知らず、釣で有名な人らしいと思っていたそうだ。もっとも、開高健も不朽の名作『オーパ！』（一九七八）などの釣関係の作品を刊行していた頃だったから無理もないが。

でもこの葉書の文面、まだ見たことも会ったこともない西村へ、「カレ」というチーズに孤独に立ち向かっている彼の戦いを敏感に感じ取っている励ましの言葉だ。「頑強不屈に味を守りぬいて下さい。志を守りぬいて下さい」という言葉は、ことによると開高の自らへの励ましだったのかもと読めてしまう。いかにも開高の人柄の一面を伝えているし、それを引き出した西村の立ち位置もいい。

このような道を西村と共に歩んできた妻の育代さんとは、西村がフランス滞在中に出会い、二六歳にして帰国すぐに東京で挙式した。従って育代さんはクレイル創業からの共闘者だ。お会いしてすぐ、明るい、前向きな人柄だということが、テレパシーのように伝わってくるような方だった。

一つ蛇足を付け加えると、いまや日本のナチュラルチーズ界のけん引車として、公私ともに活躍している共働学舎新得農場の宮嶋望が言うには、新得で起業するに当たってクレイルを訪ね、教えを請うた。そこで西村から大変丁寧に、カマンベールのつくり方を教えてもらったという。そして最後に「苦労するからおやめになったほうがいいのでは」と助言されたという。宮嶋はその助言がとてもありがたかったし、それでまた新たな決意を持つことができたという。

訪ねて来た若者に、自らの苦労の想いを重ねての助言だったと思う。これも真摯（しんし）に生きて来た人だからこそ言葉に出せたのに違いない。

もう一人のフロントランナー

先に述べたように、西村の二年後に北海道瀬棚町で近藤恭敬が、そして四年後の一九七九（昭和五四）年に炭鉱の町北海道芦別市でもう一人のチーズづくり横市英夫が誕生した。

横市の場合は、西村、近藤とは違って、国内でも国外でも一切チーズづくりの教育を受けず独力で始めた人だ。限りない試行錯誤の結果、人さまに食べてもらうチーズがつくれたという稀有（けう）なつくり手なのだ。

それに横市の場合、原料は全て自ら経営する横市牧場で搾乳された生乳であって購入原料乳は一切使用していない。その意味で欧米型のデーリィ（Ｄａｉｒｙ）という搾乳からバター・チーズの加工に至るまで、自営の牧場・加工場で完結する営農形態を現代日本に具現した初めての人でもある。

横市は一九四二（昭和一七）年、ジャガイモ栽培農家の長男として生まれた。

北海道のジャガイモ農業は、横市の中学生のころ連作障害が出たこと、馬鈴しょでん粉と輸入コーンスターチとの価格競争などの影響で、次第に経営に暗雲がたれ込むようになる。

当時の北海道庁は別海にパイロットファームを建設したりして北海道酪農の規模拡大政策を推進していて、彼が道立農業普及員研修所で初めて乳牛と酪農経営を学んだことが、横市をして一家の経営をジャガイモから酪農へと転身させるきっかけとなる。横市二〇歳の頃だった。

最初は、国の予算で貸与された雌牛を預かり、その牛から生まれた子牛で返済するという預託牛方式で徐々に切り替えていき、ほぼ一〇年で一五〇頭規模にまで増頭した。ジャガイモ畑は牧草地に転換、一二〇㌶の草地を造成した。生乳は全て市乳原料として大手乳業に出荷し、経営はそれなりに安定していたとみていい。

だが横市は、そのような単なる大企業への原料搾乳業に飽き足らなかったのだろう。チーズづくりを模索し始める。当時ヨーロッパでもハード系チーズからソフト系チーズへの嗜好（しこう）の変化が表れ始めていたころで、彼は日本もプロセスチーズからソフト系ナチュラルチーズにシフトしていくのではないかと考えた。

国内でのナチュラルチーズ生産は雪印だけで、ソフトチーズは缶入りカマンベールを市場に出していた。特別難しいものでもなさそうで、それで肩肘張らず、まずはわが家で食べるだけ、家族がおいしいと言ってくれるだけのチーズをつくってみようかという思いで始めたという。

現代でも、簡単なフレッシュチーズならどこの家庭の台所でも簡単につくれるから、彼の場合もその延長のようなものであったろう。白カビの種菌も初めのころは札幌で輸入チーズを買って来てその表面からこすり取ったという。

日々の生活の延長としてのチーズづくりだったのだろうと思わせるエピソードがある。それはチーズづくりの道具だ。誰でも新しいことを手掛けるときは、チーズ工場を見学に行ったり、どこで手に入るかを調べたりするのが普通だろうが、彼は本に掲載されている写真を見て、その人の手の大きさから道具のサイズを割り出して自分でつくったということだ。

まあ創意工夫に満ちているとも言えるし、随分の冒険だとも考えられる。

たとえわが家だけ食べればと考えて始めた試作も、度重なると家族もだんだん飽きてくる。それでという訳ではないが、富良野市のホテルに「カマンベールをつくってみたのでどうでしょうか」と持って行き、じゃあ置いておきなさいということで、ホテルの売店に並べたのが横市フロマージュの始まりであった。製造量は一日一〇個くらい。

市乳原料の搾乳と手づくりチーズとのバランスを取りながら、だんだんチーズの比重が高くなっていく。

まだ宅配流通ルートのない時代だから、芦別市という場における営業の基盤は口伝てによる販売でそれには限度がある。しかしその段階で彼は、牧場とチーズづくりの両立をやめ、チーズ工房一本の経営に集中しようとする。

英夫は横市家の長男であったので、父母や弟たちの生計のことも考慮し、多くの反対があったにもかかわらず横市牧場は弟たちに譲り、自分は乳加工のための横市フロマージュ舎を立ち上げる。一九七九（昭和五四）年の創業だった。

横市は、市乳原料の搾乳酪農家が、過重な借金返済やちょっとした原料乳価格変動で離農していくケースを数多く見てきたので、家畜商も兼ね極力多角化を図ってきた。乳加工のみの経営に頼らず豊富な情報人脈を築いてきた。それ故ソフトチーズ生産に事業を集中することについて何の危惧も抱かなかったという。

幾つかのエピソードがある。

創業して三年目くらいに全国誌『クロワッサン』に大きく紹介された。途端に現金封筒に現金同封で注文が一日に一〇〇通も来た。田舎の郵便局はびっくりしてしまったという。そしてその注文の消化にほぼ一年半かかってしまったが、しかしそれがこの事業の基盤を確立させてくれたし、その後盛んになる通販の受注システムにもきちんと対応できるようになった。

もう一つ、原料乳の調達で重要なポイントがある。それは「加工原料不足払い制度」の中で、大企業でもない横市フロマージュ舎が北海道から試験的に加工原料処理工場に指定され、いわゆる個人経営ながらインサイダーとして認められた第一号になったということ。このことは後に続いた多くの手づくりチーズ農家にとって大きな贈り物であって、それが今日のようなチーズ農家誕生の誘い水になった。

先輩からの一言

日本では白カビ系のチーズといえばカマンベールだが、パリ郊外のイル・ド・フランス地域で広く生産されているブリと呼ぶ白カビ系チーズの歴史の方がカマンベールより古く、またつくり方のバラエティーも広い。横市は白カビの定着に一番苦労して五年ほどかかったというが、見たところカマンベールというよりは、カマンベールに形が似たブリ系の白カビチーズと考えるべきなのではないかと感じている。実際パッケージには単純に「横市チーズ」と表示されているので、要するに普遍的な白カビ系のソフトチーズであるところが面白い。

横市は、ほぼこの五〇年間を日本の手づくりチーズ農家の先達として生き抜いてきた人だ。そして今や同じようにチーズづくり酪農家は、既に全国二〇〇カ所を超えているともいう。いずれも家族ぐるみとかグループ経営でといった形で、手づくりチーズ農家であることを誇りにして生活している。

そこで日本のこれらの農家製チーズの先行きを、先輩としてどう見ているか横市の意見を聞いてみた。以下は彼の意見だ。

第一に日本人の本物信仰だ。もしTPPやEPAなどによって価格の防波堤がなくなれば、誰も欧米のまねをしただけの国産チーズを購入する人はいなくなるだろう。もっと日本独自のチーズの生産消費体系をつくらなければと強調した。

そのアイデアの一つとして、消費者向けより業務筋に留め型需要を引き起こすことだという。一例としてピザ用のモッツァレラ。もしある地域で中型ピザレストラン三店に毎日特注の留め型チーズを供給できれば、それで十分生計は成り立つ。五〇頭程度の牧場経営との両立も無理なく可能だという。そのための障害はレストランの設備投資にあって、ピザ用釜のレンタル資金の調達を産業振興の観点で助成するシステムが必要だという。彼自身は近くの道の駅でその実験を既に成功させているので説得力があった。

もう一つは、酪農＋副業のハイブリッド経営というビジネスモデルも提案した。一例として酪農に加えて太陽光発電を並行させるという経営モデルだ。初期投資を長期レンタルで償却するというアイデアだが、いずれにせよ革新的なモデルを酪農と結合させるエネルギーが重要なのだと強調する。

それと農業全般に共通することなのだが、農業は国の風土を固定資産と見なせる産業である。かつその資産を運用するエネルギーは、太陽光による光合成エネルギーだと筆者は理解している。だから、一般の装置工業においては固定資産が移動できるのと同様に、時代の技術革新に伴って光合成面積の利用権の移動も可能にしなければその国の農業は窒息する。

今や日本農業が生産システムで窒息しつつある最大の要因はそこにあり、その解決の一方策として、たとえば生産調整の対象になっている稲作の休耕田を牧草採草地に転換することが抵抗なくできるというシステムが必要なのだ。

これについて横市は、彼も関与した二〇〇二（平成一四）年の政府の構造改革特区施策「NPO農地トラスト特区」において、北海道空知管内栗山町における離農農家の農地の保全をNPO法人にも拡大して適用する特例導入の成功例を挙げた。これは「放牧酪農」にしろ「山地酪農」にしろ、新しい営農システムの構築の障害になっていた日本の農地構造を変えていく一つの成果に違いない。

さて、話は後継者問題になる。いずれにせよ生計が成り立つ生業の第一の条件は、子どもが親の生業に尊敬を持て、親の生業を継承することに喜びを感じることが全ての前提。それに親が余裕なく働きずくめということを決して子どもたちは望んでいない。前記のハイブリッド営農などを提案するのもそれを実感するからだという。チーズづくりで七人の子どもを育てたあげた横市の偽らざる述懐だった。

明治の文明開化政策で日本に酪農が導入されて以降、先進酪農諸国と発展の方向が異なって市乳や煉乳の原料供給の搾乳業者としての酪農であった時間が長かった。どうやら戦後一九七〇年代になって初めて、搾乳からバター・チーズまでをつくる酪農家が育ってきたという現実がある。しかしながらTPPやEPAのような国際間での産業の流動化が進むと、本来移動不可能な国の風土を固定資産とする農業までもが、異次元の競合にさらされる時代になってきた。

このような状況をどう判断すべきかといっても前例はなく、また産業としての蓄積に乏しい分野なので、ともかく少しでも創業者として知恵を絞り、汗をかいた人々の言葉が重い。その意味で、横市のようなフロントランナーが、六七歳にして現役で先頭を走っているということは心強い限りである。

手づくりチーズ農家の第二世代

ツインタワー

「双璧をなす」という表現がある。日本の手づくりチーズ農家の世界で双璧といっていい存在を挙げるなら誰と誰を挙げるか？

その一人目は、北海道十勝管内新得町で共働学舎新得農場を経営している宮嶋望を挙げるにやぶさかではないだろう。そして二人目は？　というと岡山県吉備中央町の吉田牧場で、ブラウンスイス種の牛乳から極めて優れた品質のモッツァレラやカッチョカヴァロをコツコツつくっている吉田全作を挙げることに異存のある人はいないと思う。

私は先に日本における手づくりチーズ農家（フェルミエ）のフロントランナーとして、北海道の西村公祐、横市英夫、近藤恭裕の三人を紹介させていただいた。両氏とも年齢的にこの三人の弟分に当たる世代になる。従って次の発展のための新しい役割を演じなければならない必然性を背負うのである。

その意味で宮嶋、吉田の両氏を取り上げたが、この両氏とも今や日本で新しくチーズづくりを志す若者たちにとって、いわば希望の星といった存在になっているからである。

換言すればチーズづくり専業農家という生業は、実は生易しい仕事ではないのだが、二人ともテレ

手作りチーズ第二世代・宮嶋ご夫妻

同・吉田ご夫妻

ビ、雑誌・書籍などのメディアに成功者として数多く紹介されていて、傍目には自然の中で乳牛たちと交流してかつ環境に優しい食べ物を、それも手づくりという格好のいい生活を送られているように見える。実際の仕事の厳しさとは別に多くの若者に夢を与えていることに違いない。

さらに両氏がつくるチーズの品質が日本でトップレベルだということに加えて、国外のコンテストでもそれぞれ数々の金賞、優勝のトロフィーを獲得しており、日本原産のナチュラルチーズの品質を国際的に高めることに努力している。この二人に焦点を当てる。

命の止まり木　共働学舎新得農場

宮嶋の牧場の入り口に「共働学舎新得農場」という看板が掲げられている。

ハテ？　共働とは？　学舎とは？　普通の牧場とどこが違うの？　と立ち止まらざるを得ない。

このネーミングは、宮嶋の父宮嶋真一郎の命名で、『新約聖書、ローマの信徒への手紙八章二八節』、「神を　愛する者たち、つまり、ご計画に従って召された者たちには、万事が益となるように共に働くということを、わたしたちは知っています」（日本聖書協会、新共同訳）から引用した字句だそうだ。

さらに注目してほしいのは、この農場で働く人々のほぼ七〇％が、心身に何らかのハンディキャップを持った人たちだということ。でも農場内で行き交う従業員の人々の顔つきは明るくキビキビしていて、いかにも「共に働く」喜びに満ちていると感じた。

この農場で働く若者たちの居住棟に足を踏み入れたとき、階段の白い壁面に詩らしいものを書いた大きな額が掲げられているのに気が付いた。

その詩には「応えられた祈り」という表題が付けられていた。


「応えられた祈り」　作者不詳（宮嶋望　訳）

大きなことをしようと、強さを求めたのに

小さなものの気持ちがわかるように、弱さを与えられた

世のすべての人に誉められようと、権力を求めたのに
真実に気づき従うように、地に生きる道を与えられた

自分が求めたものは何一つ手に入らなかったけれど
私自身気づかない心の叫びに耳を傾けていてくれた

たのしく楽に暮らせるように、お金を求めたのに
生き生きと賢く生きるように、節約の生活が与えられた

人生を楽しめるように、あらゆるものを求めたのに
あらゆるものを受け入れ幸せになるように、生きる場を与えられた

真実に背いていたにもかかわらず

私の言葉にならない祈りは応えられていた
この世のすべての人の中で
私は最も豊かに祝福されている

――ニューヨーク大学リハビリテーション研究所の壁に掲げられているという――

どうだろうか、この詩が日々この工房で働いている人々の心のよりどころになっているならば、最近話題のブラック企業とは対極にある仕事場に違いないと思った。

この共働学舎新得農場とは、確かに日本でも有数の優れたチーズをつくっている工房である。だが、その工房は単なるビジネスとしてのチーズ工房ではなく、心身にハンディを持っている人々にとって、命の止まり木になっている場なのである。

「共働学舎」は宮嶋真一郎によって、心や体に不自由を抱える人々に仕事を与え、生きがいを与えることを目的として、一九七四（昭和四九）年、長野県小谷村に創設された作業場がその創始だという。

ラクレットから「さくら」へ

宮嶋は一九五一（昭和二六）年、群馬県前橋市に生まれ、東京で育つ。自由学園最高学部（四年生大学卒と同じ）を卒業後、すぐに米国ウィスコンシン州立大学に留学する。この自由学園とは理想主義的なキリスト教無教会派の流れを創立理念として羽仁吉一・もと子夫妻によって創設された学園であった。

宮嶋は米国留学から帰国して直ちに十勝の新得町に入植、一九七八（昭和五三）年に共働学舎新得農場を開設する。そこで見せた宮嶋の行動のユニークさは、新規入植者にもかかわらず当時の北海道庁とか大手乳業会社の酪農指導には全く従わないところだった。

宮嶋の言葉を借りれば、狭い牧草地しか持てないにもかかわらず米国式酪農経営を一〇年遅れでコピーしていたのが当時の十勝の酪農だった。役人や企業人たちは実地の酪農体験に乏しく、補助金が出るか出ないかを業務の判断基準にして「活字」で酪農を指導しようとする傾向があった。しかし宮嶋自身農業の本質とは、農業者自身の感性でやるべき仕事省く仕事を組み立てるしかない生業だと信じていたから、宮嶋が新得に入植した当時の紋切り型の酪農指導に「これはおかしいな」と感じ、そういう指導に耳を貸さなかったのであった。これはアメリカ留学中に酪農という仕事の本質を身に付けることができたからに相違ない。

宮嶋が新得で初めてつくりだしたチーズがスイスのラクレットだった。米国は元々移民による多民族国家だから、チーズづくりもバラエティーに富んでいる。宮嶋の場合、ウィスコンシンで実習した先がスイス系の人で、ブラウンスイス牛の牧場だったという。これがラクレットとの関わりの初めだった。

加えて一九九〇（平成二）年に北海道で「ナチュラルチーズサミットin十勝」が開催された折、招聘（しょうへい）したフランスAOC協会会長のジャン・ユベール氏に「この十勝の風土に最も適したチーズとは？」と聞いたところ、「それはラクレットだ」と即答されたことも引き金になっている。その当時北海道でつくられていたチーズは、大手の乳業会社を含め、ゴーダ、エダム、カマンベール、ブルー、多分チェダーが少々くらい。スイス系のチーズをつくっている工房は全くなかった。しかし宮嶋はウィスコンシンでの実習と合わせ先入観なしにユベール氏の勧告を受け入れたという。

この新得農場のラクレットは、一九九八（平成一〇）年の一般社団法人中央酪農会議主催第一回オールジャパン・ナチュラルチーズコンテストで見事最優秀賞を獲得し、共働学舎新得農場の名声が確立した。

ところが宮嶋はこれで終わらない。現代はグローバル化の時代。ビジネスの中に個性と創造性を追い求めなければ世界の中で生き延びてはいけない時代だ。日本の酪農も必ず世界と競合する時代が来ると感じていた。

それが宮嶋をして「さくら」というネーミングの、日本人の感性でしか生み出せないチーズの開発に向わせた。このチーズ、カマンベールのような白カビ系のチーズに塩漬け桜花が乗っていて、和菓子の桜餅を包んでいる桜葉があしらわれている。おや？和菓子みたいだな、と思わせる一品だ。

この「さくら」は二〇〇九（平成二一）年の「スイス山のチーズオリンピック」で特別金賞を受賞している。受賞は、この作品が単に奇をてらって白カビ系のチーズと桜餅をドッキングさせた、といったレベルではないということを証明している。

事実、新得農場の「さくら」は、今や日本のオリジナルチーズの代表として国際的に認められている。

さらに宮嶋の行動で見逃がせないことがある。

最近全国各地でポツポツ立ち上がってきた手づくりチーズ工房の若いつくり手に、「どこでチーズづくりの勉強をしてきた？」と聞くと、「新得の宮嶋さんのところで教えてもらいました」と答える人が多い。これは宮嶋の大きな財産であろう。

全国に散らばっている共働学舎新得農場の同窓生たち、そして現在確実に手づくりチーズ工房を運営している人々を挙げてみよう。

北海道なら花畑牧場の富田、タカラ牧場の斎藤、足寄ＪＡチーズ工房の鈴木、伊勢ファームの伊勢、函館山田牧場の山田。関東甲信では、栃木今牧場の高橋、元新世酪農の鈴木。中四国では、愛媛の山田牧場の国分、島根の木次乳業の佐藤、広島の三良坂フロマージュの松原、九州では熊本の玉名牧場の矢野などが研修に来ている。これらの人々はたまたま私の記憶に残っていた人の名前を挙げただけで、チーズを勉強したいと新得農場の門をたたいた人はもっと多いに違いない。

宮嶋の青年時代から、そして京子さんという優れた伴侶と共に共働学舎新得農場を立ち上げ、日本の手づくりチーズ工房の先駆者として後輩を育て、しかも日本だけでなく国際的にも高く評価されているチーズをつくっている現在に至る道筋。その原動力になっているものは、「万事が益になるように共に働く」という魂の輝きそのものではないだろうか。

宮嶋は二〇一四（平成二六）年に中央酪農会議が肝いりで立ち上げた「日本チーズ生産者の会」の会長に推された。この会は単なるチーズづくりの友好団体ではない。TPPにしろ日EU・EPAにしろ、酪農先進国にとって日本の市場はまことに魅力的だ。しかし現状輸入チーズに関しては国内チーズ産業保護のために関税障壁が設けられている。諸外国にしてみればなんとかこの障壁を取り除きたい。この「日本チーズ生産者の会」は、諸外国からの攻勢に対する国内防波堤にならなければならないというミッションを持って創立された。そのポジションは一人の牛飼い、そして素朴なチーズづくり農家という立場で考えれば重い負担かもしれないが、そのミッションとは次世代のチーズづくりが、誇りを持って生業に励むことができるよう生産環境を確保するための使命なのである。腹をくくって全うしてほしいと思う。

北大探検部

チーズづくりのツインタワーのもう一人、吉田全作に焦点を当てよう。

吉田は、北海道大学農学部畜産学科の卒業。ああそれじゃチーズづくりはレールの延長線だ、と思うに違いない。

でも当人の雰囲気は学部卒というより、北大在学中に所属していた探検部卒といった感じの方がふさわしい。彼は北大を卒業して、取りあえず畜産関係の有名企業に就職した。だが、この企業は彼を内勤、それも計理部のような部署に配属させた。というわけで五年ほど帳簿づけを辛抱したところで、肌に合わんと退職してしまう。

そこで彼が次の人生の探検地として選んだのは、いささか漠然とはしているが「牛を飼ってチーズをつくろう」という終着地。一九八一（昭和五六）年、二七歳のときだった。確かに北大在学中に酪農実習ぐらいの経験があろうが、学生実習程度で実際の牛飼いなんかできるものではない。まして吉田の実家は岡山県だが酪農とは全く縁のない家だった。

しかし彼の探検家としての頭の中には、未経験の山があるなら猛然とそこへ登りたいという性分が根っこにあったのだろう。だから「牛を飼ってチーズつくろう」と決めたところで、そこに着いたら「何とかなるさ」程度の気分だったのではなかろうか。

彼の言によるとその牛飼いになろうという動機は、雑誌『暮らしの手帖』の記事を読んでいて、フランスのノルマンディー地方に住む夫婦が、牛を飼ってカマンベールチーズをつくって幸せそうに暮らしているという記事に出会ったからだった。そしてこれこそ「わが行く道」と感じたそうだ。

そして出会い

多くの起業の成功事例を見ると、その成功の後ろに必ずそれを後押しする人との出会いが伴っていることが多い。吉田の場合、それは東京のイタリア大使館に外交官として勤務していたサルバトーレ・ピンナとの出会いだった。

吉田のスタートは、欧米のチーズづくりに弟子入りしたわけではない。信じられないかもしれないが、『酪農ハンドブック』といった大学の先生が書いた日本語の参考書を見ながら、一人で試行錯誤しながらチーズをつくり始めたのだった。

場所は岡山の山の中の工房だから、自分のチーズの出来栄えを相談できる人は周りには誰もいない。それでなんとか自分のチーズを評価してほしいと、東京・富ケ谷の「ルヴァン」というパン屋の店主甲田を頼って販売してもらったことがあった。

この甲田が吉田とイタリア大使館のピンナとの結び付きを取り持った。

ピンナの電話では、要するに「お前のチーズには見所があるから、岡山に行って本物のイタリアチーズのつくり方を教えてやるぞ」という。そして実際に吉田牧場に泊りがけ手弁当で来てモッツァレラをつくってみせた。

現在吉田牧場には全国のイタリアンレストランから注文が殺到していて、予約が数カ月待ちというモッツァレラとカッチョカヴァロの原点は、ピンナの実地指導が発端だったのである。

もう一人、吉田のチーズづくりに強い影響を与えたのは、現在日本におけるイタリア料理界トップといわれる落合務シェフだ。

落合の料理人としての経歴は、一九六六（昭和四一）年ホテルニューオータニを振り出しに、一九七八（昭和五三）年からのイタリアにおける料理修行、帰国して赤坂「グラナータ」料理長などを経て九七年、銀座に極めて予約の取りにくいと評判の「ラ・ベットラ」をオープン、二〇一三（平成二五）年「現代の名工」に選出された。

実は落合シェフとの出会いもピンナの紹介だった。

当時の落合はイタリアから帰国したばかりで、日本のモッツァレラのようなフレッシュチーズの品質に満足していなかったから、吉田にも「これじゃとても使えないよ」と厳しい言葉を投げ付けるのであった。

もう一つ、これは人との出会いではないが、この時期にチーズづくりを始めた人々にとって共通の極めて重要な出会いを付け加えねばならない。

それはクロネコヤマト（ヤマト運輸株式会社）のクール宅配便が全国展開のスタートを切ったというタイミングだ。吉田がチーズづくりを営業として始めた一九八八（昭和六三）年のこと。もしクール宅配便が吉田の創業に間に合わなかったなら、もう一つ厳しい苫難の道をたどらねばならなかっただろう。

運に恵まれ傍目には順風満帆のように見えても、起業者自身の感性が最後のハードルで、かつ自身の感性と技術とが伴わなければ新しい起業は完結しない。

そういう目で吉田のチーズづくりへの姿勢とその成果を見ると、牛種がブラウンスイス種のせいかもしれないが、モッツァレラにしてもカッチョカヴァロにしても、原産地ナポリなど南イタリアに出しても全く遜色のないチーズにつくり上げている。

それが少しでも他店から差別化されるおいしさを追求する料理人たちから、引っ張りだこになっている要因と考えていい。

ここで、この宮嶋、吉田の二人の良き伴侶として創業以来苦楽を共にしてきた妻たちのことにちょっと触れたい。

宮嶋京子さんは、夫と同窓の自由学園の短大部を卒業後、幼稚園の先生をしたり、義父真一郎の手伝いをしたり、なんとなく宮嶋家の雰囲気に近い空気の中で過ごしていたようだ。宮嶋がウィスコンシン大学に留学するために渡米する直前に婚約し、一時帰国したときに結婚、一緒に渡米したという間柄。先ほども触れたように共働学舎新得農場には、いろいろなハンディを背負った人たちがたくさん働いている。それらの人々、チーズづくりの研修生などへ満遍なく目配りされている。

吉田千文さんは、吉田の北大探検部の仲間だった。そして吉田はこの仕事に入ったとき、ある先輩から「農業というのは夫婦で協力し合って、互いに補完し合いながら、二人以上の仕事をしないとできない仕事だよ」と教えられたという。だからといって千文さんは、目玉を三角にして仕事をしているかというと、全く違っていていつもニコニコしておられる。この雰囲気は新得農場の京子さんとよく共通していて、このような夫婦の在り方が本当の酪農を生業とする家庭の基本的な生き方なのだなあと共感するのであった。

名実ともに日本のフェルミエ界におけるツインタワーだといって間違いない。

放牧酪農というコンセプト

『マイペース酪農』

三友盛行著『マイペース酪農』（農文協）という本がある。著者はこの中で、家族を挙げて実践している放牧酪農の考え方とその実際ににについて熱く語っている。

放牧酪農の実践者三友牧場

すなわち牛を飼い、子を産ませ、乳を搾るという単純な生業の本質は、牛を飼う餌すなわち牧草の質と量に左右される。それはさらに牧草をつくる牧野の面積、それは太陽によって植物が光合成し牛が利用できる栄養素に変換可能な能力とでも言えるか、その光合成反応が可能な面積こそ酪農という生業の命運を制するクリティカルポイントだというのである。

もし牛飼いが飼養頭数への給餌に必要な牧草生産のための光合成面積を国内で確保できず、それを他国に求めるとすれば、それは他国に光合成面積を借地することにほかならないというのが三友の主張である。言外にグローバル化しつつある酪農生産と日本の酪農実態の乖離（かいり）について、再考を促しているのである。
三友は生粋の酪農家ではない。その著書によると、彼は一九四五（昭和二〇）年東京・浅草の生まれ。高校卒業後日本一周の旅に出て、その途中で北海道の開拓農家でお世話になり、そのとき感じた北海道の空気、朝夕の光に感じて一九六八（昭和四三）年に同じ年の奥さんともども北海道中標津町に入植した。牛飼いに関しては彼自身その三年前に単身酪農実習に来ただけで、全くの素人として初妊牛一一頭のスタートだったという。

当然、新規入植者は既存の地区酪農経営指針のレールに沿った営農を指導されるわけで、草地造成、牛乳生産のための機械・施設の整備のための投資、さらに規模拡大のための追加投資を繰り返し、草地四〇《ヘクタル》、四〇頭搾乳の体制にまで発展する。その時点で農業負債の総額は四、五〇〇〇万円に達していたという。

しかし転機は、一九七九（昭和五四）年から始まりそのピークに達した一九八一（昭和五六）年の生乳生産調整という形で訪れる。

戦後の酪農経営は幾つかの危機を迎えてきた。中でも常に直面したのは生産量と需要量の食い違いによる生乳価格の変動であった。酪農は乳という生体からの分泌物を原料にする産業であり、需給のバランスがずれたといっても、おいそれと泌乳量を調整することはできない。さらに穀物と違ってそのままの貯蔵は不可能で、脱脂粉乳やバターの形に加工しなければ貯蔵することもできない。

しかし現実に国外・国内の経済情勢や消費動向によって生乳価格の騰落が生じ、生乳生産量を調整しなければならない事態が発生する。その場合、搾乳牛の数を増減して対応するのが明治以降現代にまで続いてきた。すなわち搾乳牛を肉用に転換して減らし、乳量を増やす場合は、時間はかかるが新しく子牛を導入するという調整法である。

このような生乳取引の実態を改善する有効な手段として、一九六六（昭和四一）年に創設されたのが「加工原料乳不足払い制度」であったが、しかしこの制度をもってしても、なかなか生乳需要量の増減に対応することは難しく、特に搾乳牛の淘汰という手段は酪農家にとって取り難い行動なのでどうしても遅れがちになる。従って最終的に計画に対して余剰と判断された生乳を廃棄しなければならない事態に追い込まれるのであった。

その最初の具体的な例が、国際的な飼料穀物の価格高騰による生乳生産原価の高騰で、一九七〇年代に発生し多くの酪農家、特に零細な酪農家が赤字経営に陥り離農する原因になった。

二つ目は生乳生産が需要を上回って大量の余剰生乳を廃棄しなければならなくなったことだった。このような生乳生産調整は一九七九（昭和五四）年ころから始まり、北海道におけるピークは一九八一（昭和五六）年であった。

この北海道における生乳廃棄の情景は、テレビで輸送缶から着色された生乳を排水溝に捨てるという痛恨の映像が全国放送されたので思い出す人も多いことであろう。

生乳廃棄は大震災によって処理工場の被害があってやむを得ずとか、放射能被害によって生乳出荷が不可能になったといったケースなら納得できるが、需給アンバランスによる生産調整という人為的な原因によって、酪農経営の成果である生乳をむざむざ廃棄するというのは、たとえ経済的な補償があったにせよ、生業の誇りと言うか矜持（きょうじ）と言うか酪農民の人間としての生活観の根元を揺るがすことであった。

三友のことに戻る。

彼は、搾乳規模拡大こそ営農を成功させる道と信じて走ってきたのだったが、生産調整による生乳廃棄という非合理に直面して、酪農の本質は、土、草、牛が最適な状態で循環する環境を人間が整えることに尽きると実感する。人間の都合でこれだけ搾乳したい、これだけの収入を上げなければならないという思考と決別しなければ、と気付くのであった。

そこで彼の酪農経営の根幹になった思想は、粗飼料の一切は自営の草地で自給できる草地管理と、そのような給餌による乳牛の健康管理に注力することであった。当然一頭当たりの平均搾乳量は減少するだろう。しかしその代わりに自給飼料を十分に与えられて、健康で多産可能な乳牛の生活が得られ、またそのような牛からの糞尿の利用も健全な草地造成に有効に活用できるという、酪農する人を媒介にしての土、草、牛の自然な循環が始まったという。

彼はこの営農方式を「放牧酪農」と呼ぶ。

この考え方は大正期に宇都宮仙太郎、出納陽一らが北海道酪農の体質改善のために導入した「土づくり、草づくり、牛づくり」を基本とするデンマーク酪農と思想的に一致している。三友の場合、乳牛の健康管理のために必要な栄養は配合飼料で補うことにやぶさかではないというセンスも加味されている。

その意味では本書でも紹介した、旭川の斉藤牧場型の自然のままに任せる「山地酪農」とは異なって、土づくり、草づくりと牛たちへの栄養管理に注意を怠らないという点でより科学的だと言える。

放牧酪農のエッセンス

三友は、土、草、牛の適正なバランスを維持し、原則的に自農場以外どこからも生乳生産エネルギーを導入しない自己完結型の酪農の規模は、牛一頭当たり一ヘクタールの草地が適正だと述べている。これがあくまで牛の生態を基本にして、夏には昼夜放牧、冬は舎飼いでの敷ワラ、反すう胃動物としての生理状態を良好に維持する給餌の質量を確保するための適正規模という。

しかしその全ての草地が自己所有である必要はない。放牧地のほかに減反政策による休耕地を採草地として活用すること、また米麦耕作との併用による耕地循環などの営農形態の可能性も示唆している。

さらに、彼は牧場内に乳加工工房を立ち上げ、単なる搾乳業ではなく自ら搾乳から乳加工品づくりまでを農場内で完結することを提案している。

牛飼いのやり方は個々の酪農家の選択の問題ではないかと思う。だがそうは簡単にいかないのは個々の酪農家の経営と、不足払い制度に基づく指定団体による集乳システムとの整合性である。わが国の酪農産業の歴史は浅くせいぜい一〇〇年未満の経験しかないので、いまだに酪農産業の育成のための助成などに政府の関与が多い。その場合、行政が決めた一つのビジネスモデルに統一行動を取らない酪農家はアウトサイダーの扱いを受けがちで、村の共同体の中で独自の経営哲学を維持するのはなかなか難しい。これは一種の日本的思考特性かもしれない。

放牧酪農は何よりも「土、草、牛の適正なバランス」を志すので、そのキャッチフレーズだけ見れば脱サラをして北海道に新規参入する人々にとって放牧酪農という営農形態は魅力である。だから放牧酪農を実践している酪農家には、北海道で二代、三代と続いてきた酪農家の人々とは違って、大手乳業企業へ原料乳を供給するだけの単なる搾乳農家で終わりたくない。なんとか酪農そのもので自己完結するような新しい生活を築きたいと願っている人々が多いのである。

しかしその新規酪農家が放牧酪農を志していて、なおたまたま三友牧場に近いところに入植していれば、折に触れて質問したり指導を受けたりすることができるのだろうが、物事はそう都合よく運ぶとは限らない。そういうとき人々はどのような学び方をしているのであろうか。

日本の酪農乳業の生処販業者が基金を拠出している一般社団法人Ｊミルク（元日本酪農乳業協会）

という団体がある。この中に「乳の学術連合」という研究者グループが組織されていて、その一部に「乳の社会文化ネットワーク」という酪農経営や乳文化の研究者グループがある。

ある年の論文「放牧酪農における新規参入者支援における自主的グループの意義」が表彰を受けた。この論文は放牧酪農を目的として北海道に新規に参入した人々が、どのような人的ネットワークによって技術情報を得、また精神的なサポートを受けているかという実態についての調査である。

先にもちょっと触れたが放牧酪農という営農形態は現状、政府や関係機関から推奨され支持を受けている形態とは言えない。一般的に行政機関が助成を行う事業とは、その時代の社会の要請を満たすことを目的としてその実現のための最短の方策を立案する。結果として量と質に対する成果が求められるので、その目的達成に一致しない行動は協力を得られないことが多い。要するにそこには生活哲学のような個人的な思考が入る余地はない。

従って放牧酪農を志す酪農家は、とかく既存の酪農団体の指導方針に従わない営農者すなわちアウトサイダーに分類され、一種の情報疎外者として扱われる可能性もある。そこで放牧酪農家が、日常の酪農経営に関する諸情報や生活基盤に関する諸々の支援、ならびに放牧酪農という教科書のない経営の成否について、どこからどのようにして示唆を得るかということが大事なのである。

調査対象の酪農家の情報伝達経路を表すコミュニケーション・マップを一つ一つたどっていくと、面白いことにどの酪農家も灯台の光を求めるように、一人の情報リーダーにつながっていくことが確かめられた。論文中ではその一人の情報提供者の名前は伏せられているのだが、そのデータ特性からこのリーダーは、中標津で放牧酪農を実践し、この営農方式の大先輩として確固とした地位を築いている人と分かるから、これは三友以外には考えられない。このことは新しい営農形態が定着し発展していくためには、その営農方法について理論的な裏付け、実際の行動支援を率先して先導するリーダーが不可欠であることを示している（この研究は当時北海道大学大学院農学研究科在籍中の小林国之氏によって行われた）。

ＤＡＩＲＹという生業

ＤＡＩＲＹという英語は日本語で「酪農」と翻訳されているが、その元々の意味には「搾乳し、それをバターやチーズに加工する」という行動が含まれていて、日本に多く見られる搾乳をするだけの農家を指しているわけではない。

歴史が違うといってしまえばそれまでだが、日本の酪農の歴史を振り返ると、明治の酪農導入期には搾乳と飲用乳加工がセットになった経営が最初だった。次に製菓産業の原料としての煉乳製造に乳加工の主流が傾斜していくに従い、搾乳農家と加工業者が分業になっていって搾乳者は酪農家、加工者は乳業者と呼ばれるようになる。

本来両者が一体になっているＤＡＩＲＹという英語が、「酪農乳業」と二つの語彙（ごい）を重ねなければ表現できないというのは日本独特のことである。

欧米でも酪農業が大規模な産業に成長していくにつれて、牧場での生乳生産と工場での加工という分業は発生したが、それは比較的近代になってからであって、ヨーロッパでは生乳からチーズ・バターの生産まで一貫した酪農経営を行っている農家がまだ多く見られる。

わが国でも農業の六次産業化という風潮もあって、酪農家としては単に搾乳だけでなく、乳加工によって付加価値を加えた製品で経営の質を向上させようとする人々が次第に増えている。

現状放牧酪農を実践している酪農家は、全国的に見て一〇%に満たないそうだが、生乳の需給バランスによって生産意欲が左右される単純な搾乳業から、自然の摂理に逆らわない酪農業に転換しようとする流れは次第に増えつつあるという。そして北海道でもどちらが早いか遅いかは別にして、三友を中心とする別海・中標津周辺の根釧地域のグループ、さらに宗谷・足寄地域のグループとおおまかに分かれるのだろうか。しかしこの二つの系統といっても別々に活動しているわけではなく、互いに交流し合う研究集会を組織している。

このように、酪農家が土づくりから自然の摂理に合った草地造成をし、自給粗飼料一〇〇%で牛飼いができる酪農が基盤となれば、為替の変動とか海外の気象変動に伴う輸入飼料の価格変動に一喜一憂することは少なくなるだろう。現在の日本の酪農家は多かれ少なかれ、外国産の飼料に依存している。これは先に述べたことの繰り返しになるが、外国の土地を牛のための牧草地として借地していることになる。当然それらの牛の糞尿も外国の借地に還元しなければ行き場所がないだろうと三友は主張する。そのような輪廻（りんね）が成立しない農業は自然の摂理に反しているともいう。筋が通っている話だ。

「太陽の恵み」産業

「放牧酪農」を実践している酪農家を訪ねた。

北海道十勝は広尾町のゼンキュウファーム。久保善久・悦子夫妻と長男の三人で、ホルスタイン五六頭、ジャージー六頭を、放牧＋採草地五三ヘクタールで飼養している。夏放牧で冬はルーズバーン。二〇一三（平成二五）年度の生乳生産量は三〇〇トン、経産牛一頭当たりの平均乳量は約八、〇〇〇キロ（二〇一四（平成二六）年現在）。

久保は宮崎県出身、洋服仕立屋さんの家に生まれ宮崎大学農学部卒、酪農がやりたくて先輩のつてをたどって修行、一九八〇（昭和五五）年に現在地で自前の牧場を開設した。妻は愛知県のサラリーマン家庭で育ち、帯広畜産大学卒後、久保に出会った。二人ともいってみれば酪農家とは関係のない家庭に育って、いわば酪農という世界に夢とかロマンを感じて飛び込んできた。

「放牧酪農とは何か」という設問に対して悦子さんは放牧酪農の利点として、「餌代がかからない。労働力が軽い。自由時間がつくれる。設備投資が要らない。牛も人も幸せだ」と感じると。そして放牧といっても「配合飼料は一切与えないとか、無農薬だとか肩肘張らないで、電牧の雑草が邪魔なら除草剤も使うし、草量が足りなければ配合肥料も使うし、ともかく健康な牛といい草の両立をいつでも考えている」と言う。

この牧場にはJミルク・乳の学術連合の現地研修会で訪問したのだったが、悦子さんの農場管理、飼養管理の簡潔な説明を聞き、参加者たちから「なんと合理的な」と賛辞の声が寄せられた。確かに合理的、だがその合理とは、経済性とか技術論理に合っているといった意味ではなく、「自然の摂理に合っている」という合理なのだ。その哲学が三友はじめ放牧酪農を実践している人々の胸のうちに共通している基本理念だと感じさせるのである。

ゼンキュウファームでは、一九九八（平成一〇）年からチーズもつくり始めた。セミハード系のチーズを自宅のショップで販売している。動機はわが家の生乳で食べるものをつくってみたかったからで、日中は自由時間が取れるし、チーズを買いに来たお客さんと対話してその反応が分かるのが楽しいという。

この段階で、ゼンキュウファームの放牧酪農は、単なる搾乳業ではなくそれを超えた人間の生活としての楽しみとか、希望とかを実現できる生業として成立していることが分かる。

もう一戸の放牧酪農家は、アスパラガスの産地で有名な後志管内喜茂別町の牧場タカラだ。

この牧場の歴史は古い。初代斉藤石五郎の入植は、一九〇五（明治三八）年新潟県村上から蘭越地区への入植だった。現在の牧場主斉藤信一は四代目に当たる。

放牧酪農への転換は一九九二（平成四）年、三代目斉藤久の時代だ。酪農高度成長期の一九八一（昭和五六）年に牛舎を増築し、タワーサイロを設置、搾乳牛三四頭と拡大志向で営農。そのピークが生産調整のピークと重なるという転機を迎える。その後現当主で四代目の信一の経営参加もあり、全草地に化学肥料散布を全廃、無農薬の草地管理などを実行。

現在、信一夫妻、父の久の三人体制で、経産牛三六頭、育成牛四頭、子牛九頭を、放牧地一七《ヘクタル》、採草地四二《ヘクタル》の規模で粗飼料自給率一〇〇％の放牧酪農を経営している。生乳生産量は、一七〇《トン》でそのうち二七《トン》は牧場で低温殺菌牛乳に加工販売している。平均搾乳量は五、五〇〇《キロリットル》、放牧酪農としては平均的な量だろう。

牧場は経営を別にしているが、三男愛三夫妻が経営しているチーズ工房が牧場のすぐ隣の敷地にありチーズづくりをしている。愛三は高校卒業後新得の共働学舎でチーズづくりの手ほどきを受け、その後フランスでチーズづくりを学んだ本格派。ハード系の「タカラのタカラ」というネーミングのチーズが昨年のオールジャパン・ナチュラルチーズコンテストで金賞に輝いた。プロ根性がしっかり備わったつくり手で、本稿でも紹介した新得の宮嶋、岡山の吉田らを戦後の手づくりチーズ農家の二代目世代とすると、確実に三代目を継承する実力の持ち主である。

ここにも、先に挙げた三友牧場やゼンキュウファームのように、放牧酪農の産出成果が生乳だけでなく、低温殺菌牛乳の加工販売であったり、チーズをつくったりする、生乳から加工までを一つの牧場で完結させるモデルを見ることができる。

このような営農の実践は、酪農家が搾乳業から酪農業に脱皮していくことであって、それは日本の明治期の酪農の導入から現代に至る生乳から煉乳加工へ、その次にバター・チーズの加工がくるという日本独自の発展形態を、欧米並みの生乳からバター・チーズ、その後近代的な乳加工へという軌道に変換させる原動力になる予感がする。

あとがき

フロントランナー、すなわち先駆者といわれる人間像には二つの生き方のパターンがあるように思う。その一つはプレーヤー型とでも名付けようか、自分で細部まで手を出し仕事をまとめるタイプ。もう一つの類型はプロデューサー型で、仕事のために人を集め組み合わせるのに心を砕くタイプ。

本書で取り上げたフロントランナーと目される人々の場合おおむねプレーヤー型の人が多いようだ。自ら革新の渦中に飛び込む気概を持ち、周囲の目に惑わされず悪戦苦闘しながら初志を貫く。しかしそのご存命中に必ずしも社会的に報われるとは限らない。

フロントランナーたちの足跡は、当然現代の酪農乳業の行動に結びついていて、それを訪ねることとは、直ちに現代日本の酪農乳業界が直面している構造的な諸問題と真正面から付き合うことになる。たとえばソフトチーズにおけるグローバルな競合関係を考えると、二〇一七年のEUとのEPA交渉において最後まで決着が付きにくかったのがソフトチーズの関税であった。これは日本のチーズ農家の存在が国際競合の際に考慮すべき産業分野に育ってきたからである。しかし、それは政府の庇護とか大企業の投資対象としての育成ということではなく、実に家族単位のチーズ農家の経営努力の積み重ねによるものだということは銘記しておくべきである。

また日本酪農の国際比較という観点からは、原料乳コストの問題と直面しなければならない。筆者は農業経済については素人なので、酪農経営の分析に関しては事象を直感的に眺めるか、または専門家に教えを乞うしかないのであるが、一般社団法人Jミルク「乳の社会文化ネットワーク」の若手メンバーであった、東京大学準教授細野ひろみ氏（故人）による「海外各国の酪農経営の国際比較」に関する研究がある。

細野氏は「国際酪農ファーム経営比較ネットワーク（IFCN）」に参加して、北海道の七〇頭規模の典型的酪農家の経営と、ほぼ同規模のドイツ、フランス、カナダ、米国（ウイスコンシン）、イスラエルの酪農ファームのそれとを、収入、支出などの諸項目について優位性、劣位性について興味ある解析を発表した。

これらの国々との国際比較において、北海道の酪農家経営が著しく競争力として劣っていた要素は飼料コストであった。例外的にイスラエルだけがほぼ北海道と近い飼料コストを示したが、イスラエルも土地面積が狭い酪農経営で、他国からの購入飼料に依存せざるを得ないという事情が共通していることに由来するらしい。この結果は、わが国の酪農経営の国際競争力という観点からみれば、自給飼料を確保できる草地面積が狭いということが最大の弱点になっていることを示している。

農耕にしろ、牧畜・酪農にしろ、すべて植物の光合成からエネルギー資源を生み出す産業、いってみれば「太陽の恵み産業」である。

わが国の国土は農耕適地面積が少ないという厳しい与件があって、その中で農業政策を展開しなければ食料生産の国際化に伍していけないという現実に直面している。

その意味で国際競争力のある生産コストを実現するためには、牧草地面積を増やし粗飼料自給率を高めるための方策に取り組むしかないだろう。その方策とは放牧酪農かもしれないし、粗放ながら山地酪農の可能性を追いかけるものかもしれない。その意味でいかにして草地のための光合成面積を広げるかは、この産業の命運を決する問題になるに違いない。

明治以降の日本の酪農乳業の足跡をたどっていくと、その観点から農耕地、休耕地、原野、山林などの牧草地への転換可能性について、十分な行動が取られてきたとは考えられない。国際競争にさらされる今こそ、わが国の最適食料生産のために太陽光利用可能な国土面積を、水田含む農耕地、牧草地、山林への再配分という観点で考え直さなければならないのではなかろうか。

本稿は「牧野のフロントランナー」というタイトルでまとめさせていただいた。振り返って本稿で取り上げるべきフロントランナーたちは多く、顕彰すべき業績もまた尽きないことに気が付く。

明治期で言えば、一八七二（明治五）年に青森斗南藩に洋式牧場「開牧舎」を開設した廣澤安任、群馬県でわが国初めてのバター専門工場を立ち上げたものの、経営的に持続できず止むを得ず挫折した神津牧場の神津邦太郎。昭和期で言えば、日本的なチーズの開発を目指して麹菌をチーズ熟成に適用しようとした東北大学の中西武雄教授。平成期で言えば、酪農・乳業の六次産業化の先鞭をつけ牧場経営とアイスクリームのドッキングを成功させた佐賀県の横尾文三など、さらに乳・乳製品を積極的に家庭料理の形で取り入れることに尽力された料理家江上トミ他、沢山の料理・教育関係の方々など、後世に語り伝えるべきフロントランナーたちはまだまだ枚挙に暇がない。それらの人々にはまた別な機会に光が当てられることを期待している。

終わりに臨んで、月刊「乳業ジャーナル」誌に五年間にわたり「醍醐随想」なるタイトルのエッセーシリーズの連載を企画いただいた乳業ジャーナル社の村杉智氏に感謝したい。

本書の刊行にあたって労をお取りいただいたデーリィマン社出版部の重堂恭介氏、また一般社団法人Ｊミルク専務理事の前田浩史氏からは記述内容について多くのご助言をいただいたことを付記し御礼申し上げる。

末筆になるが表紙の挿画を選んでいただいた、畏友のチーズ研究家坂本嵩氏に厚く感謝する。

二〇一七年十一月

著者識

著者略歴

1931年北海道生まれ。米国メリーランド大学大学院修士課程卒業、農学博士。雪印乳業株式会社（現・雪印メグミルク）にて研究、開発、生産管理などの職歴を経て退職。その後、東亜大学大学院応用生命科学専攻教授（食物文化論、食物評価論）、茨城大学、山口県立大学、くらしき作陽大学などの講師を兼任。現在、京都、広島、山口、福岡四県の食文化研究者による「西日本食文化研究会」を主宰。現在に至る。

日本食品保蔵学会賞受賞（1991年）、日本家政学会食文化部会名誉会員。Jミルク「乳の社会文化ネットワーク」幹事、日本酪農乳業史研究会顧問。

著書・訳書に「食と栄養の文化人類学」「乳利用の民族誌」「離乳の食文化」「基礎食品工学」「健康・機能性食品の基原植物事典」「チーズのある風景」「アンコウはアヒージョで」「ヒトは何故それを食べるか」など。他に論文類多数。

牧野《ぼくや》のフロントランナー

日本の乳食文化を築いた人々

定価　本体価格2,000円＋税

初版発行　平成29年　11月20日

著　者　和仁　皓明
発行者　新井　敏孝
発行所　デーリィマン社

〒060-0004　札幌市中央区北４条西13丁目
電話　011（231）5261（代表）
　　　011（209）1003（管理部）
FAX　011（271）5515

印刷所　岩橋印刷株式会社

ISBN978-4-86453-053-8
C0061 ￥2000E